时代楼盘 162

中国领先的房地产开发平台　TIMES HOUSE

金盘地产传媒有限公司主编　广州市乐居地产市场策划有限公司编

体系化设计

U0391073

SPM
南方出版传媒
广东经济出版社
－广州－

广州龙湖首开·云峰原著
景观设计：山水比德集团（示范区）

封面

图书在版编目（CIP）数据

体系化设计 / 金盘地产传媒有限公司主编；广州市乐居地产市场策划有限公司编. -- 广州：广东经济出版社, 2018.6

（时代楼盘）

ISBN 978-7-5454-6243-2

Ⅰ.①体… Ⅱ.①金… ②广… Ⅲ.①住宅 - 建筑设计 - 研究 - 中国 Ⅳ.①TU241

中国版本图书馆CIP数据核字(2018)第085712号

Tixihua Sheji

策　　划：广州市乐居地产市场策划有限公司

出版发行：广东经济出版社有限公司
〔广州市环市东路水荫路11号11～12楼〕

经　　销：广东新华发行集团

印　　刷：恒美印务（广州）有限公司
〔广州市南沙区环市大道南334号〕

开　　本：965毫米 × 1270毫米　1/16

印　　张：9.75

版　　次：2018年6月第1版

印　　次：2018年6月第1次

书　　号：ISBN 978-7-5454-6243-2

定　　价：45.00元

CDG国际设计机构
Http://www.cdgcanada.com
微信公众号：CDG-NEWS
店铺等级

上海水石建筑规划设计股份有限公司
Http://www.shuishi.com
微信公众号：shuishisheji
店铺等级
品质等级

lwk&partners
architects
梁黄顾建筑设计（深圳）有限公司
梁黄顾建筑师（香港）事务所有限公司
Http://www.lwkp.com
微信公众号：LWKP
店铺等级

HUMAX
北京东方华脉工程设计有限公司
Http://www.chinahumax.com
微信公众号：chinahumax
店铺等级

万千国际
VARCH INTERNATIONAL
上海万千建筑设计咨询有限公司
Http://www.varch.com.cn
微信公众号：varchinternational
店铺等级

長廈安基
ARCH-AGE DESIGN
倡行产品理念·主张建筑价值
长厦安基建筑设计有限公司
Http://www.arch-age.cn
微信公众号：changxiaanji
店铺等级
品质等级

QIYUE ARCHITECTS
齐越设计
上海齐越建筑设计有限公司
微信公众号：齐越建筑
店铺等级

都易设计
上海都易建筑设计有限公司
Http://www.dotint.com.cn
微信公众号：Hi都易
店铺等级

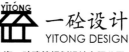
YITONG
一砼设计
YITONG DESIGN
上海一砼建筑规划设计有限公司
Http://www.yitongdesign.com
微信公众号：yitongdesign
店铺等级
品质等级

霍普股份
HYP-ARCH DESIGN
上海霍普建筑设计事务所股份有限公司
Http://www.hyp-arch.com
微信公众号：霍普股份
店铺等级
品质等级

山水比德
S.P.i LANDSCAPE GROUP
山水比德集团
Http://www.spigroup.cn
微信公众号：gz-spi
店铺等级
品质等级

A&N 尚源景观
定制化景观设计
重庆尚源建筑景观设计有限公司
Http://www.sycq.net
微信公众号：尚源景观
店铺等级
品质等级

CCS
UK CCS LANDSCAPE DESIGN
喜喜仕景观设计
英国CCS设计事务所
深圳市喜喜仕景观设计有限公司
Http://www.un-ccs.com
微信公众号：uk-ccs
店铺等级
品质等级

蓝调国际
CBULD
重庆蓝调城市景观规划设计有限公司
Http://www.cqlandiao.com
微信公众平台：CBULD123
店铺等级
品质等级

L&A 奥雅®
创造更美好的人居环境
深圳奥雅设计股份有限公司
Http://www.aoya-hk.com
微信公众号：奥雅设计LA-2013
店铺等级
品质等级

SUNNY NEUHAUS PARTNERSHIP
尚诺柏纳空间策划
尚诺柏纳·空间策划联合事务所
Http://www.snp-group.net
微信公众号：SNP尚逸设计（snpdesign）
店铺等级
品质等级

GGC® 韦格斯杨
广州韦格斯杨设计有限公司
Http://www.ggc1997.com
微信公众号：韦格斯杨设计

天作国际
TEAMZERO
美国天作（TEAMZERO）建筑规划设计集团
广州市天作建筑规划设计有限公司
Http://www.cdgcanada.com
微信公众号：CDG-NEWS
店铺等级

HZS 滙張思
三位一体
滙铸精品
PLANNING ARCHITECTURE LANDSCAPE
滙张思建筑设计咨询（上海）有限公司
Http://www.hzsusa.com
微信公众号：HZS_Shanghai
店铺等级
品质等级

CENTALAND
森拓设计机构
森拓设计机构
Http://www.centaland.com
微信公众号：森拓设计
店铺等级

拓观 TWAD
ARCHITECTURE
上海拓观建筑设计机构
Http://www.tuoguandesign.com
微信公众号：拓观设计
店铺等级

基准方中
基准方中建筑设计有限公司
Http://www.jzfz.com.cn
微信公众号：基准方中
店铺等级

DO 帝奥建筑
DO ARCHITECTURE
上海帝奥建筑设计有限公司
Http://www.sh-do.com
微信公众号：上海帝奥建筑设计有限公司
店铺等级

CUBE DESIGN
立方设计
深圳市立方建筑设计顾问有限公司
Http://www.cube-architects.com
微信公众号：Cube-design
店铺等级

COM 珂曼建筑
COMAN ARCHITECTS
上海珂曼凯达建筑设计有限公司
Http://www.coman.co
微信公众号：珂曼建筑
店铺等级

TTR 万漪景观
深圳市万漪环境艺术设计有限公司
Http://www.ttrsz.com
微信公众号：万漪景观设计
店铺等级
品质等级

源创易
UC LANDSCAPE ARCHITECTURE
源创易景观设计有限公司
Http://www.ucla.com.cn
微信公众号：cnucla
店铺等级
品质等级

MANTU
INTERIOR ARCHITECTS | DESIGN LTD
上海曼图室内设计有限公司
Http://www.mantu-m2.com
微信公众号：曼图设计
店铺等级
品质等级

上海墨刻景观工程有限公司
Http://www.meke-la.com
微信公众号：墨刻景观
店铺等级　品质等级

上海易亚源境景观设计有限公司
Http://www.yasdesign.cn
微信公众号：易亚源境
店铺等级　品质等级

阿拓拉斯(中国)规划设计
Http://www.atlachina.com.cn
微信公众号：阿拓拉斯规划设计
店铺等级

澳大利亚·柏涛景观
Http://www.ptedesign.com
微信公众号：BotaoLandscape
店铺等级　品质等级

深圳市新西林园林景观有限公司
Http://www.sedgroup.com
微信公众号：SED2000
店铺等级　品质等级

LAURENT CREATIVE 罗朗
上海罗朗景观工程设计有限公司
Http://www.landseape-concept.com
微信公众号：laurent2006
店铺等级　品质等级

美国古兰规划与景观设计有限公司
深圳市古兰景观设计有限公司
Http://www.gulan.hk
微信公众号：Americangulan
店铺等级　品质等级

DDON 笛东
笛东规划设计股份有限公司
Http://www.ddonplan.com
微信公众号：DDON_PLAN
店铺等级

上海易境环境艺术设计有限公司
Http://www.egsdesign.cn
微信公众号：上海易境设计
店铺等级　品质等级

纬图景观
WISTO
重庆/上海纬图景观设计有限公司
Http://www.wisto.com.cn
微信公众号：纬图景观
店铺等级　品质等级

SHINESCAPE
三尚国际（香港）有限公司
Http://www.shinescapehk.com
微信公众号：shinescape
店铺等级　品质等级

美国到特设计咨询有限公司
Http://www.ddot-us.com
微信公众号：dDot到特景观设计
店铺等级　品质等级

博雅景观设计
BOYA LANDSCAPE DESIGN
深圳市博雅景观设计有限公司
Http://www.boya-cn.cn
微信公众号：boya2011215
店铺等级　品质等级

TOPSCAPE
凯盛上景（北京）景观规划设计有限公司
Http://www.topscape.com.cn
微信公众号：上景设计
店铺等级　品质等级

迈丘设计
Metrostudio迈丘设计
微信公众号：metrostudio
店铺等级

LEDA 乐道景观
四川乐道景观设计有限公司
微信公众号：乐道景观 leda0203
店铺等级

伍鼎景观国际
上海伍鼎景观设计咨询有限公司
Http://www.landwd.com
微信公众号：伍鼎景观国际
店铺等级

PELA
天人规划园境顾问服务有限公司
Project Earth Landscape Architects
Http://www.pela.hk
微信公众号：天人规划园境顾问
店铺等级

GVL怡境国际
GVL怡境国际设计集团
GVL怡境国际设计集团
Http://www.gvlcn.com
微信公众号：GVL怡境景观
店铺等级

PleasantHouse 贝森豪斯
新加坡贝森豪斯设计事务所
Http://www.pleasanthouse-china.com
微信公众号：pleasanthouse-2014
店铺等级　品质等级

ANG 昂众设计
北京昂众同行建筑设计顾问有限责任公司
微信公众号：昂众设计
店铺等级

GND
GND设计集团
Http://www.gnd.hk
微信公众号：GND设计集团
店铺等级

HWA DESIGN GROUP
安琦道尔(上海)环境规划建筑设计咨询有限公司
Http://www.hwa-design.com.cn
微信公众号：HWA安琦道尔
店铺等级

佳联设计
重庆佳联园林景观设计有限公司
Http://www.jialiansj.com
微信公众号：佳联设计
店铺等级

Jeffrey
深圳市杰弗瑞景观有限公司
Http://www.jeffreysz.com
微信公众号：杰弗瑞设计
店铺等级

HILLLANDSCAPE
深圳市希尔景观设计有限公司
Http://www.hill-scape.com
微信公众号：希尔景观
店铺等级

ACA
AICON LANDSCAPE
ACA麦垦景观规划
Http://www.aca-china.com
微信公众号：ACA麦垦景观
店铺等级

联众景观
LIAN ZHONG LANDSCAPE
重庆联众园林景观设计有限公司
Http://www.cqlzjg.com
微信公众号：cqlzjg
店铺等级

墨本设计
深圳墨本景观设计有限公司
Http://www.mb5188.com
微信公众号：深圳墨本景观设计有限公司
店铺等级

邦景园林
BONJING LANDSCAPE
广州邦景园林绿化设计有限公司
Http://www.bonjinglandscape.com
微信公众号：邦景园林
店铺等级

上海飞扬环境艺术设计有限公司
Http://www.fealand.com
微信公众号：飞扬景观
店铺等级

尚沃景观
SOO LANDSCAPE DESIGN
广州尚沃景观设计有限公司
Http://www.soo-cn.cn
微信公众号：尚沃景观
店铺等级

伍道国际
WONDERWAY INTERNATIONAL
浙江伍道泰格建筑景观设计有限公司
Http://www.wd-dg.com
微信公众号：伍道国际
店铺等级

东朗景观
东朗景观规划设计（天津）有限公司
dldesign@dolongland.com
微信公众号：东朗景观
店铺等级

赛瑞景观
CSC
深圳市赛瑞景观工程设计有限公司
Http://www.csclandscape.com
微信公众号：赛瑞景观
店铺等级

贝林景观
ERLIN-BL
成都海外贝林景观有限公司
Http://www.erlin.cn
微信公众号：海外贝林
店铺等级

道合景观
DONEHOME LANDSCAPE DESIGN
重庆道合园林景观规划设计有限公司
Http://www.done-home.com
微信公众号：donehome
店铺等级

北京东方华脉工程设计有限公司
ChinaHumax Engineering Design Co.,Ltd.

WE CREAT
WE PROMISE
WE CARE
我们创造 / 我们承诺 / 我们关心

北京总公司 / 青岛分公司 / 沈阳分公司 / 西安分公司 / 成都分公司 / 青海分公司
烟台分公司 / 贵州分公司 / 济南分公司 / 张家口分公司

www.chinahumax.com

时代楼盘

中国领先的房地产开发平台 TIMES HOUSE

—— 162辑 ——
CONTENTS目录

体系化设计

青岛旭辉银盛泰·正阳府
开发商：旭辉集团、银盛泰集团
建筑设计：水石设计
景观设计：北京创翌善策景观设计有限公司
施工图设计：青岛腾远设计事务所有限公司
室内设计：广州市韦格斯杨设计有限公司（样板房）

碧桂园
Http://www.bgy.com.cn

中南置地
http://www.zoina.cn

万科企业股份有限公司
Http://www.vanke.com

旭辉集团
Http://www.cifi.com.cn

JINKE 金科

金科地产
Http://www.jinke.com

孔雀城

孔雀城住宅集团

万达集团
WANDA GROUP

万达集团
Http://www.wanda.cn

龙光地产
LOGAN PROPERTY

龙光地产控股有限公司
Http://www.loganestate.com

金地集团
Http://www.gemdale.com

JINMAO 中国金茂

中国金茂
Http://www.franshion.com

苏州圆融发展集团有限公司
Http://www.szharmony.com

东旭鸿基
TUNGHSU REAL ESTATE
匠心筑造 相伴一生

东旭鸿基地产集团

云南德润城市投资发展有限公司
Http://www.takyun.com

Midea 美的地产
科技筑家 品质筑城

美的地产集团
Http://www.mideadc.com

北大资源
PKU RESOURCES

上海北大资源地产有限公司
Http://www.pkurg.com/

正商地产
ZENSUN
品质生活到永远

正商地产
Http://www.zensun.com.cn

Longfor 龙湖地产

龙湖地产
Http://www.longfor.com

R&F 富力地产
R&F PROPERTIES

广州富力地产股份有限公司
Http://www.rfchina.com

绿地集团
中国驰名商标

绿地控股股份有限公司
Http://www.greenlandsc.com

俊发集团
中国地产50强 | 品质筑就生活

俊发集团有限公司
Http://www.ynjunfa.cn

EMG 大石馆

广州大石馆文化创意股份有限公司
Http://www.emgstone.com

Mega米伽

广州市米伽建筑材料科技有限公司
Http://www.gzmega.cn

OCEANO
欧神诺

佛山欧神诺陶瓷股份有限公司
Http://www.oceano.com.cn

UMGG

环球石材(东莞)股份有限公司
Http://www.umgg.biz

CCIH
中国陶瓷总部
CHINA CERAMICS
INDUSTRY HEADQUARTERS

中国陶瓷总部选材中心
Http://xc.ccih.cn

金盘建材
Kinpan.com
房地产开发设计选材平台

Http://www.kinpan.com/material

WY国际设计机构
广州市德隽建筑设计顾问有限公司
Http://www.wydesign1996.com

北京市住宅建筑设计研究院有限公司
BEIJING INSTITUTE OF RESIDENTIAL BUILDING DESIGN & RESEARCH CO.,LTD
Http://www.zzjz.com

KLID达观国际设计事务所
微信公众号: KLID_DESIGN

达观

TNF 太合南方设计
TAI HE NAN FANG

深圳太合南方建筑室内设计事务所
Http://www.sztnf.com

RONALD LU
& PARTNERS

吕元祥建筑师事务所
Http://www.rlphk.com

无锡弘阳三万顷·小别
景观设计：上海易境环境艺术设计有限公司

P/056

P/066

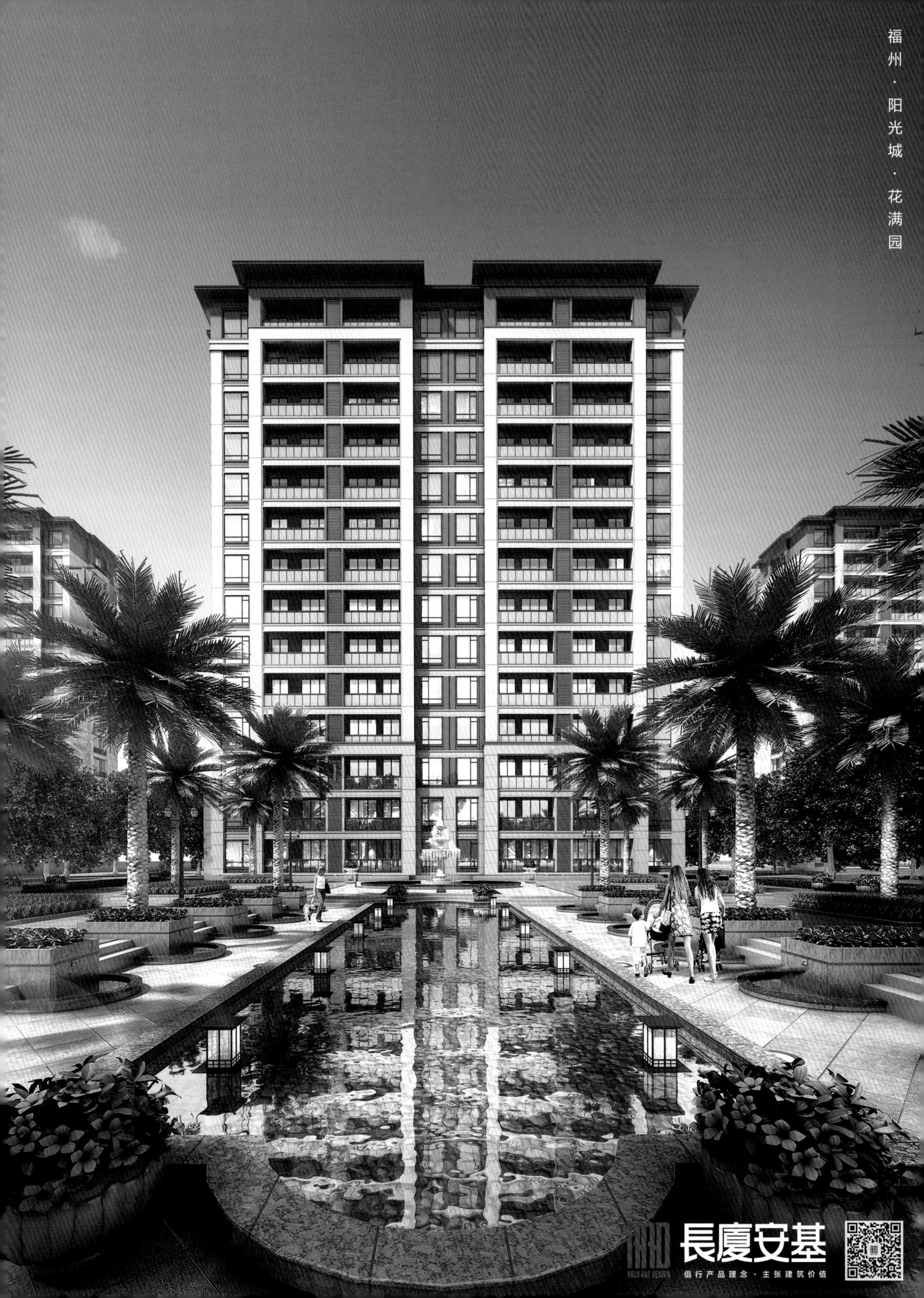

福州·阳光城·花满园
長廈安基
倡行产品理念·主张建筑价值
ARCH-AGE DESIGN

P/o88

武汉金科城示范区
开发商：金科地产集团武汉有限公司

编辑团队

总策划：康建国
主　编：黄一霜
责任编辑：谭　莉
责任技编：谢　莹
策划编辑：高雪梅
文字编辑：郭飞鸰
美术编辑：刘小川
稿件征集组：谢雪婷　王东宁

合作咨询

刘威\先生　咨询电话：13539780650
投诉及建议：13539780650
地址：广州市天河区科韵中路119号金悦大厦610-611室

营销团队

华东地区 \ 联系人：李华\先生　电话13585756278　邢瑞\先生　电话17701650386
地址：上海市徐汇区田林路140弄1号楼3F
华北及东北地区\联系人：王会\女士　电话13552596031　廖慧\女士　电话18910792051
地址：北京市西城区展览馆路12号B座41A
深圳及华南地区 \ 联系人：杨彦培\先生　电话13530897892
地址：广东省深圳市福田区沙头街道车公庙皇冠工业区5栋202室
广州及华南地区 \ 联系人：刘威\先生　电话13539780650
地址：广州市天河区科韵中路119号金悦大厦610-611室
重庆及西北地区 \ 联系人：刘威\先生　电话13539780650
成都地区 \ 联系人：刘威\先生　电话13539780650
地址：广州市天河区科韵中路119号金悦大厦610-611室
《时代楼盘》稿件采编负责人：谢雪婷\女士
咨询电话：18011985134

金盘平台服务板块

金盘网　金盘奖　金盘联　金盘周　时代楼盘
Kinpan.com　Kinpan Awards　Kinpan.com　Kinpan week

万科·都易
深度战略合作

26 个万科作品

都易

2006
万科南京·金域缇香

2008
万科杭州·西溪蝶园·Ⅱ
万科杭州·金色家园

2010
万科清远·华府
万科广州·欧泊

2012
万科徐州·淮海天地海誉
万科南昌·万科城·Ⅰ

2013
万科南昌·万科城·Ⅳ
万科南昌·万科城·Ⅴ
万科广州·南方公元

2015
万科杭州·金辰之光
万科杭州·世纪之光
万科宁波·都心里

2016
万科杭州·海上明月·Ⅰ
万科杭州·海上明月·Ⅱ
万科徐州·淮海天地天启
万科徐州·淮海天地天宸
万科徐州·淮海天地天荟
万科徐州·淮海天地天萃
万科徐州·翡翠天地·Ⅰ
万科徐州·翡翠天地·Ⅱ
万科宁波·鹦鹉地块

2017
万科佛山·西江悦
万科佛山·金域中央
（酒店式公寓）
万科徐州·香山物流地块
万科徐州·A地块

www.dotint.com.cn
TEL / +8621-3250 3750　　**FAX** / +8621-3250 3950
ADD / 上海市淮海西路666号中山万博国际中心11楼
市场：+86 21-3250 3750转1020 孟先生

现代房地产企业的体系化设计

经过多年大规模的蓬勃发展，房地产行业趋向成熟与理性，市场的划分越来越精细，房地产商在精打细算的同时强调产品的精雕细琢。产品系列的建立成为众多房地产企业的重要策略，如万科、金茂、龙湖、旭辉等品牌房地产企业，已经形成了多个产品系列，并在不同城市进行着标准化复制开发。

产品的体系化决定了设计的体系化，从拿地到规划，从建筑设计到景观设计，从户型设计到精装设计，体系化设计提供丰富多样的开发策略、设计标准与参考案例，方便开发商和设计者快速复制或更新换代，有效地平衡产品的品质、成本以及效益。

体系化设计的作用

高周转模式： 房地产是一个高周转的行业，从拿地、规划，到落地、销售，均紧扣一个"快"字。开发设计的体系化拥有相对完善且成熟的开发标准，可以套用在大部分项目中，有利于快速、大规模地生产成功的产品。即使它不能直接套用或复制，也可以提供开发思路和参考模式，同时可以控制开发的风险。

品质与效益： 体系化设计是建立在多个成功案例的基础上的，在产品品质、市场反馈以及经济效益上均有出色的表现。同时，设计体系一般会有计划地在不同地区进行实践，不断地分析与总结实际应用所产生的问题，对既有的设计体系进行补充与完善，在提供精细化的复制模板的基础上，还可以提供各种各样的问题解决方案。这一个补充与完善的过程是不断循环的，让体系拥有更高的实用性与灵活性，有效地保证产品的品质与效益。

创新与完善： 与时俱进是企业发展的必要准则。然而，任何事物的创新与发展都是基于对以往经验的继承，是在积累、梳理与优化的过程中有针对性地进行突破与革新。对于房地产开发这样一个高风险的行业，天马行空的创新几乎是不存在的。体系化设计在一定程度上为产品创新提供了基本的土壤。企业内外的体系化设计以及古今中外的经典项目，都可以为房地产商和设计单位提供丰富的创新资源以及广阔的发挥空间。同时，拥有具体框架和细分标准的设计体系为创新提供具体的落脚点，从而精准地把控创新的可行性。

品牌形象： 体系化设计的目标是在某个细分市场中打造具有核心竞争力的产品。优秀的产品就有可能成为企业的名片、行业的标杆。当标杆项目自成体系，以统一的名字、立面风格、景观体验、户型结构与精装标准在市场中呈现，并形成规模效应，会强化产品的辨别度以及市场认可度，从而提升产品乃至企业的品牌形象。

住宅工业化： 住宅工业化是近年政府提倡的开发模式，即以工业化生产的方式建造住宅，批量生产与组装标准化、系列化的建筑构件和部品，具有工期短、效率高、质量稳定、能耗低等优点。开发商把住宅工业化纳入体系化设计中，不仅可以响应政策的要求，而且优化了企业的开发效率，降低了成本，从而获取更多的利润。

企业可持续性发展： 设计的体系化是让产品研发成为企业制度的一部分，成为可以自我完善的系统，减少对人的依赖，保存企业的核心竞争力和创新实力，有助于企业进行有效管理，从而保证企业能可持续地稳健发展。

体系化设计的应用

根据主流房地产开发企业的重要产品线的设计体系，体系化设计主要应用在规划设计、建筑立面、景观设计、户型设计、精装设计与科技体系几大方面。

规划设计： 体系化设计提供地块的规划策略与方案，包括不同类型土地的规划原则和业态搭配原则，结合科学的市场分析，实现货值最大化。

建筑立面： 建筑立面是一个房地产项目给人的第一印象。成熟的产品体系基本都拥有一脉相承的立面设计风格，不同的项目以此为基础融入其他符合潮流或者地域文化的元素，整体上建立统一的产品形象，让人一看到建筑就想到项目所代表的产品体系。产品的立面比例划分，以及各个结构的设计原则和材料搭配都设置一定的标准。例如，金茂府以新古典主义为主，

广州龙湖首开·云峰原著

彰显挺拔、尊贵的建筑立面，结合区域的文化元素，打造独具品质感与雕塑感的高层与洋房。龙湖地产的原著系产品贯穿中魂西技的理念，以西方石建筑结构为基础，糅合东方的空间理念与文化元素，同时根据地块的地理特征进行突破与创新，形成历久弥新且富有文化底蕴的别墅。

景观设计：随着人们对生活环境的重视，开发商与设计师在景观设计方面也精益求精。传统的景观设计很多时候被人认为就是植树种草，而且"只可远观不可亵玩"；现代的房地产项目大多引入了全龄化体验式景观的理念，并发展成完善的景观设计体系，提供多元空间功能的同时注重与其他设计的融合。全龄化体验式景观涵盖不同年龄段人群的活动场地，以及私密度与参与度不同的生活场景，每个景观空间还采用各种人性化的设计细节。旭辉集团的全龄化社区涵盖 9 大系统，满足不同年龄段人群的需求。龙湖在经典的"五重景观"的基础上建立了"五维景观"造园理念，从"生态、健康、交融、精筑、人文"五个维度上建设人性化体验式景观。

户型设计：体系化设计根据产品的类别建立户型设计库，为不同面积段与平面结构的产品提供设计方案。刚需户型强调空间的高效利用，在有限的空间内设计出满足现代家庭居住需求的功能空间，有效地平衡户型的功能性和舒适性。改善户型不仅注重空间的合理利用与舒适程度，还追求空间的灵活组合，借助先进的设计理念与建筑技术建立可持续发展的全生命周期户型。别墅汇集创新的设计手法，针对性地对户型进行全面升级，如全明地下室、叠墅的独立入户、多庭院设计，营造极致的生活方式。

精装设计：随着开发成本的提升，房价一路攀升，精装修交楼标准成为很多开发商争取客户的普遍做法。成熟的开发商采用精细化、人性化的精装设计体系，甚至基于每个空间以及空间的每个角落建立独立的系统，融合适幼化与适老化设计，从玄关到客厅，从厨房到餐厅，从卧室到浴室，让设计细致入微地贴合每一位居住者的生活习惯，全面提高空间的使用效率与生活的质量。体系化的精装设计还可以为定制化设计提供有效的设计思路。

科技体系：现代科技极大地改善了现代人的生活方式，例如，天津上东金茂府所采用的 12 大绿金科技系统，从温度、湿度、空气、阳光、声音、水六大基本元素出发，营造"舒温、舒湿、舒氧、舒静、舒洁、舒心"的居住空间。智能化技术不仅可以让人们自定义编程以及远程控制各种生活场景，还拓展到社区运营范围，如安防系统、物业服务、园区系统等，营造安全、高效、人性化的智慧社区。

基于多年的开发经验，很多房地产商已经能够相对准确地把握市场的需求，对市场进行精准细分的同时，实现产品的梳理、提炼与归纳，建立起与细分市场需求相对应的产品体系以及设计体系，获取更多的经济效益以及追求更持久的发展。本书关注国内一线房地产商产品线的开发策略，通过深度解析其代表项目来了解不同房地产企业的体系化设计以及其独到之处，以反映房地产行业中体系化设计的现状以及发展趋势。

扫码进入金盘网
查看更多项目信息

城府级科技奢宅

天津上东金茂府

第十三届金盘奖入围项目

开发商: 中国金茂 / 项目地址: 天津市东丽区津滨大道与雪莲路交汇处

景观设计: 北京昂众同行建筑设计顾问有限责任公司

用地面积: 91 046.9平方米 / 建筑面积: 199 634.53平方米

容积率: 1.7（C1地块）, 1.9（C2地块）/ 绿地率: 40%（C1地块）, 10%（C2地块）

均价: 待定

本着"非核心不选，非地标不筑"的原则，中国金茂在天津海河金茂府之后，延续金茂府的高品质打造天津第二座金茂府——天津上东金茂府，以"一城双府"之势占领天津高端住宅市场。项目在继承府系产品精髓的基础上进行全面升级，糅合精致典雅的新古典建筑风格、7大精装系统、12大绿金科技，重构天津的理想人居标准。

总平面图

鸟瞰图

区位图

专家点评

刘凯旋
万科地产天津公司 设计片区负责人

天津上东金茂府遵循中国金茂城市运营商的理念，引进先进的城市规划理念，规划"居住商业综合体"，促进区域功能和城市活力的提升。金茂府产品拥有成熟的设计理念与精细化的设计体系，加上12大绿金科技，集绿色、低碳、科技、品质于一体，为天津打造城市高端人居标杆。

区位分析

　　天津上东金茂府位于天津市东丽区津滨大道与雪莲路交汇处，紧邻昆仑路、津滨大道两条快速路，距离4号线与10号线换乘站约500米，距离天津滨海国际机场约5千米，交通便利。项目所在的东丽区是连接城市中心与滨海新区的板块，是"决战东部"的重要战略平台。

定位策略

　　项目是中国金茂转型为城市运营商后的府城级金茂府，是金茂品牌最具代表性、最高端的产品。项目严格遵循府系标准，结合天津的文化气质与发展策略，以丰富的配套规划"居住商业综合体"，以新古典主义风格构建历久弥新的建筑立面，以中魂西技的手法营造全景花园式全龄社区，以7大精装修系统、48项用心细节打造户型空间，以"六舒"标准升级12大绿金科技，重新定义天津的理想人居标准。

规划设计

　　项目最大限度地释放地面空间，打造大尺度绿地，营造环内稀缺的"低密"社区，并拥有丰富的配套，打造"居住商业综合体"。

　　"双园"美景：项目不仅坐拥城市绿带公园，而且在区内营造大尺度公园景观带，打造园区内与外"双园"美景。

　　城市配套丰富：包括1万平方米城市绿地、1万平方米商业步行街、3.5万平方米集中商业以及4.5万平方米甲级写字楼。

　　社区配套齐全：配置幼儿园、快餐店、便利店、文化用品店、居委会、警务室、居民健身场地等，同时适当隔离市政配套与住宅，提升居住品质。

建筑设计

项目秉承金茂府系产品的建筑风格，采用新古典建筑风格，线条清晰，符号感强，以雕塑造型为主，整体典雅尊贵，细部洗练而不繁复。

高层：南侧采光面外墙尽可能整齐，减少自遮挡。温暖的米黄色仿石材涂料搭配深色金属型材，在塑造富有雕塑感的挺拔硬朗形象的同时，体现细节的刻画。大面积的景观窗衔接户内的功能空间与社区景观。

洋房与叠拼别墅：均采用深浅不同的米黄色仿石材质，搭配咖啡色金属漆，细部压顶嵌以金属线条，整体舒展又硬朗，精致又内敛。立面设计以经典的三段式构图手法为基础，竖向立面以柱的概念进行划分。精细化设计的不同序列、材质的对比、不同的窗套形式，突出精致感。

景观设计

庭院大宅：园林景观以"灵犀水岸，岸芷汀兰"为主题，结合现代设计手法与传统中国园林结构，以"园——院——庭"三种空间层次逐步展开，层层递进，营造出庭院大宅的空间体验；并通过透、掩、映和虚实相应的造园技巧，营造可"居"、可"游"、可"赏"的优雅环境。

全景花园式全龄社区：根据舒适、健康、生态、宜居的生活理念，设计环形漫步道、水景会客厅、宅前花园、中老年活动区、儿童全龄运动场、萌宠乐园、花香园，结合精细化、人性化的设计，打造全景花园式全龄社区。

生态种植：景观种植引入了"生态种植"理念，以本土种植为主，以组团化种植增加绿量，适量选取滞尘降噪的植物品种以及具有药疗效果的芳香植物。

海绵城市：项目还通过对雨水的收集、循环再利用，生态材料的使用及种植品种的选择，减少环境污染，打造天津市首个海绵城市社区。

洋房户型建构要点

归家礼序： 约 5 平方米私属电梯厅，既提升归家尊崇感，又增加室外使用空间；大小扇对开的豪宅级入户大门；对景式玄关保证厅内的安全性和距离感。

家庭互动： 客厅、餐厅、厨房采用一体化设计，开放的空间缩短家人之间的距离。

六重收纳体系： 包括玄关收纳、客厅收纳、厨房收纳、家政收纳、卫生间收纳、卧室衣帽间收纳，通过合理的规划充分利用空间，营造舒适便利的生活。

灵动餐厨客设计： 客厅、餐厅、厨房的布局通透，拥有别墅级大尺度面宽；餐厨一体，配备中、西双厨；L 型厨房设计，联动家政。

适老化设计： 老人房均布置在南侧阳光充足的房间，卫生间就近布置，方便老人活动；老人房紧邻起居区，提高与家人交往的频次，与年轻人通过起居空间相隔，彼此联系又相互独立。

全生命周期： 北卧室可以根据不同使用需求与主卧进行分合，灵活适应全生命周期的居住需求。

洋房 148 平方米户型图

7 大精装修系统

1. 玄关体系
① 入户挂钩
② 钢木复合入户门
③ 智能门锁
④ 人体感应照明
⑤ 可视对讲
⑥ 玄关收纳柜、玄关衣帽间
⑦ 一键离家（一键照明总控）

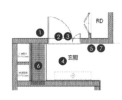

2. 餐厨体系
① 水槽、龙头
② 操作台面
③ 烟机灶具
④ 双开门冰箱
⑤ 物品收纳
⑥ 装饰品收纳
⑦ 社交动线

3. 家政体系
① 洗衣机
② 脏衣收纳区预留
③ 晾衣区
④ 中央热水器
⑤ 预留烫衣服插座

4. 衣帽间体系
① 女主人收纳柜
② 男主人收纳柜
③ 被褥收纳
④ 睡衣收纳
⑤ 抽屉收纳
⑥ 行李箱收纳
⑦ 鞋帽收纳
⑧ 包收纳
⑨ 运动装备收纳
⑩ 全身穿衣镜
⑪ 柜门木饰面
⑫ 衣柜 LED 照明
⑬ 暗藏拉手
⑭ 外侧衣柜双面使用功能

5. 适幼化体系 / 6. 适老化体系
① 支撑辅助设计
② 无障碍设计
③ 小夜灯设计
④ 防滑设计
⑤ 电气设备适老化设计
⑥ 卫生间座便器的上方阅读灯

7. 卫浴体系
① 淋浴花洒
② 悬浮式马桶
③ 主卫嵌入式浴缸
④ 台下盆设计
⑤ 玻璃淋浴屏
⑥ 镜柜收纳
⑦ 水盆柜收纳
⑧ 壁龛收纳
⑨ 照明舒适度设计
⑩ 主卫紧急呼叫按钮

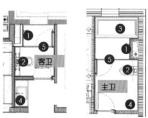

12 大绿金科技

　　金茂府建构有 12 大绿金科技系统：地源热泵系统、智能家居系统、安防系统、高效除霾系统、节能外窗系统、24 小时置换式调湿新风系统、天棚毛细管网系统、智能热水循环系统、减振降噪系统、外墙保温系统、同层排水系统、自微米净水系统，从温度、湿度、空气、阳光、声音、水六大基本元素出发，营造"舒温、舒湿、舒氧、舒静、舒洁、舒心"的居住空间。

中魂西技 山地墅居

广州龙湖首开·云峰原著

第十三届金盘奖入围项目

开发商：广州市君庭房地产有限公司 / 项目地址：广州市黄埔区科学城永和大道转云峰路
景观设计：山水比德集团（示范区）
占地面积：135 000平方米 / 建筑面积：452 000平方米
容积率：2.8 / 绿化率：35%
均价：待定

作为龙湖产品系中的顶级之作，原著系作品体现了龙湖地产对土地、人文、城市与自然的深入理解，渗透着龙湖地产对人的深切关怀与专属定制意识。广州龙湖首开·云峰原著在原著系作品的基础上进行创新和突破，在文化、精神层面达到了原著系作品的新高度。

鸟瞰图

区位图

总平面图

联排户型
四叠户型
六叠户型
高层复式
高层平层

专家点评

程力

华鸿嘉信房地产集团有限公司　设计总工

云峰原著占据优质的自然资源，依山傍水，这个地块风水上曰：玉带缠腰。项目在规划设计上遵循"临水而立，循山而居"的理念，同时秉承原著系对细节的坚守和对匠心的追求，精心设计兼具品质感与艺术感的新中式别墅与新古典高层，结合地形特点营造人性化的五维景观园林，实现"出则通达世界，入则归隐山林"的理想生活。

项目概况

　　广州龙湖首开·云峰原著汇集龙湖四代原著建筑之精髓，遵循"无贵脉，无原著"的营造标准，并且从土地、资源、社区、人文、美学等层面进一步优化原著系产品，以"三水五园七法十卷"的蓝图与山地环境相融合，始创国家专利山地院墅，构建高品质的城市低密墅区。

原著系别墅

　　原著系别墅是龙湖 Top 级别墅作品，以"中魂西技"作为核心理念，中学为体，西学为用，在建筑上融合西方石材建构与中国传统建筑元素，适当糅合区域文化特色，强调规制、秩序、人文；在园林上从五重景观发展到五维景观，从"生态、健康、交融、精筑、人文"五个维度打造人性化体验式景观，继承传统造园手法，集城居豪宅、私家园林、世家府邸于一体。

2008年，原著系的开山之作——北京颐和原著以中魂西技的设计手法精心打造中式府邸，确定了原著系产品的核心与标准。

2013年，北京双珑原著将"院子"升级至"园子"，开辟了园林礼序，并在地下室的设计上实现了开创性的突破。

2016年，北京景粼原著融合"八法二十四式"，筑造新中式合院别墅。

2018年，广州云峰原著在营造上道法自然，融合东方建筑的精髓，重新定义山地别墅。

土地观——城市东进第三中轴

云峰原著坐落于广州市科学城板块，于城市东进的第三中轴之上，临近黄埔区永和大道，距离香雪地铁站约4千米，毗邻萝岗万达、高德万象汇等商业配套，距离珠江新城CBD约20千米。

资源观——山宅相生相长

项目北面临水，南面望山，占据科学城板块稀缺的山地资源，坐享自西向东绵延1千米的一线山景，绿化率高达40%。项目的规划遵循"临水而立，循山而居"的理念，让山地肌理与建筑空间相生相长。

社区观——高端低密墅区

项目以低密标准规划别墅和高层，结合精心设计的出入口，围合出高端低密住区。项目整体地势抬高9米，铺排高层归家、别墅归家双动线，并实现人车分流。

人文观——匠心定制专利别墅

专利别墅：依山地之肌理与地势，承袭传统三段式黄金分割，结合平顶长檐、减墙开窗等创新设计手法，打造专利山地院墅：山地联排别墅、山地四叠拼别墅、山地六叠拼别墅。

定制别墅：遵循中国府邸人居礼制，定制专属门匾，彰显大宅风范；追溯中国艺术美学，独创入户"云"字纹章，寓意平步青云、高升如意。

美学观——三水五园七法十卷

三水：以绕城水、叠云瀑、溯源溪打造三水归庭的动线，让自然与礼制相结合。

五园：继承原著系造园之精髓，将人文、艺术、自然相交融，打造"云峰五园"：知书园、观霞园、浣溪园、怡乐园、嬉趣园，步移景异。

七法：精简实墙面，取代以大面积阔景透光玻璃，开窗率达到44%；精简厚重坡屋顶，采用带有金属质感的平屋面错位而置，呈现峰峦叠嶂的意境。

十卷：循山而建，规划"寻山五景"：花树见山、仙桥寻山、霞阳观山、花港悦山、云峰乐山；以水聚气，营造"亲水五景"：瑶池仙境、浣溪叠石、水月叠瀑、溯流而上、问水寻源。

户型设计——联排端户

大面宽——8.8 米面宽，横厅设计，南向采光。

大花园——南向大花园，独立入户。

阳光地下室——约 320 平方米的两层地下室空间，设计采光井；配套 2 个私家车位。

私享电梯——预留电梯井道。

大观景——高开窗率，设置宽敞的南向露台。

大天面——天面层可灵活改造。

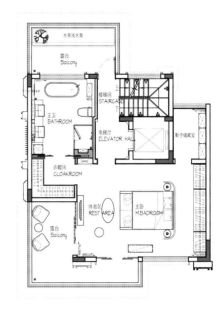

联排端户三层平面图

联排端户二层平面图

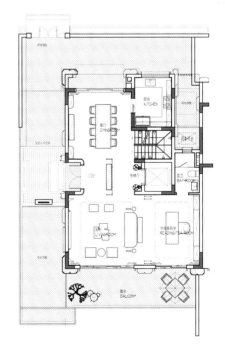

联排端户一层平面图

城心园居大宅
青岛旭辉银盛泰·正阳府

金盘奖 第十三届金盘奖入围项目

 扫码进入金盘网
查看更多项目信息

旭辉集团 用心构筑美好生活　银盛泰集团 YINSHENGTAI GROUP

 水石设计
WWW.SHUISHI.COM

创翌善策 景观设计

 TENGYUAN DESIGN 腾远设计

 GGC 韦格斯杨

开发商: 旭辉集团、银盛泰集团 / 项目地址: 青岛市城阳区正阳中路与靖城路交汇处(向北500米)

建筑设计: 水石设计 / 景观设计: 北京创翌善策景观设计有限公司 / 施工图设计: 青岛腾远设计事务所有限公司

室内设计: 广州市韦格斯杨设计有限公司(样板房)

用地面积: 98 610平方米 / 建筑面积: 324 713平方米

容积率: 2.5 / 绿化率: 35%

均价: 待定

青岛旭辉银盛泰·正阳府属于旭辉集团旗下"尊享 G 系列"高端产品，恪守"用心构筑美好生活"的理念，潜心精研迭代人居生活标准，在社区规划、景观园林、户型设计、建筑质量与物业服务等方面进行全方位飞跃式提升，致力于树立大青岛时代的品质生活范本。

总平面图

鸟瞰图

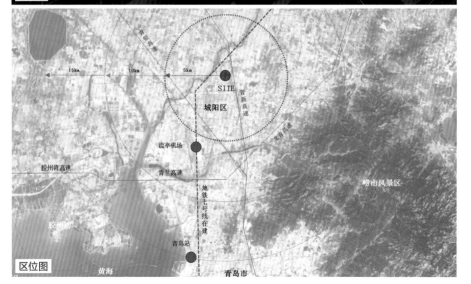

区位图

专家点评

李继开

中南置地研发中心 设计总监

正阳府位于青岛市城阳区核心区域，是旭辉集团的第五代产品。其全龄化花园住区理念、端庄简洁的建筑造型、室内人性化细节设计以及丰富的社区配套打造，体现了旭辉对好产品的坚持和追求。在示范区，通透的玻璃建筑和疏朗的都会风景观相映成趣，营造新时代的高端都市住宅氛围。

区位分析

青岛旭辉银盛泰·正阳府位于青岛市城阳区正阳中路与靖城路交汇处，距离城阳区政府仅 1.8 千米，北面与城阳站与青岛流亭国际机场等交通点相连。项目所在的城阳区作为青岛的北大门，已逐步由边缘城区向大青岛核心区转变，其复合型交通枢纽的地位也在进一步强化。

定位策略

项目作为旭辉集团的第五代产品，严格遵循"尊享 G 系列"的标准，结合青岛的文化气质与发展策略，以现代典雅的风格构建简洁大气的建筑立面，打造全龄化花园住区，以精装 7 大系统、8 大场景、10 大品牌、156 项人性化细节重新定义城阳区的理想人居标准。

规划设计

项目分为东、西两个地块，北面为热电厂，根据青岛的季风风向分析，对地块的影响不大，但是考虑到客户的心理和住宅的视野，在北面设置了一排大高层，在视野上形成遮挡，同时可以释放出更多的公共空间。

整体规划结构采用古典中轴式布局，"全高层大花园"的规划，最大限度地释放绿地空间，打造城阳区的"园居大宅"。

项目配置幼儿园、配套商业、会所、居委会、居民健身场地等。其中，会所设置了健身房、瑜伽房、标准成人泳池和儿童泳池。

建筑设计

项目采用现代典雅的建筑风格，广泛地采用玻璃和栏杆，塑造通透的外立面，让建筑既能以谦逊的姿态融入城市空间，又能彰显其高贵的品质。三段式造型分为建筑的底部、中部和顶部。底部的主材质为石材和铝板，强调基座的厚重感和体量感，在近人尺度增加细节装饰，强调入口的仪式感。中部的主材质为真石漆，细节简洁，强调竖向线条，体现建筑的挺拔感。顶部采用收口处理，增强标志性。

会所建筑融合现代与东方的设计理念，以银灰色铝板框架和超白玻构建干净、纯粹的玻璃盒子。入口处的通高空间及侧面回廊处理取意于传统公共建筑中"副阶周匝"的理念，让整个玻璃体更显通透轻盈。

景观设计

花园府邸：项目以"两轴三园二十四府"的园林景观打造一座花园府邸。设计参照紫禁城及凡尔赛宫的设计手法，采用中轴对称与中央景观相结合的规划布局，形成兼顾封闭和开放的围合空间，营造尊贵的空间体验。

五重归家礼序：项目根据两个地块的主入口位置设置南、北纵向两轴，通过层叠的景观及地上、地下双大堂设计，形成兼具尊贵感和仪式感的五重归家礼序。

全龄化社区：建立9大系统满足不同年龄段的需求：0-3岁婴幼儿启蒙区、4-6岁快乐成长区、7-12岁快乐成长区、青年社交运动平台、成年社交区、长者关怀区、专业跑步区、植物科普系统以及宠物乐园，在园区中重建温馨的邻里关系。地上单元大堂外采用泛大堂设计，可以作为婴儿车停放区、访客休息区、宠物驿站等。

高层户型构建要点

归家礼序：私属电梯厅提升归家的尊崇感。对景玄关既能保证入户的便利性又能保持厅内的私密性。

餐厨客设计：客厅、餐厅、厨房的面宽相同，布局通透；厨房设置 L 形操作台，满足各种烹饪需求。

十字轴线：客餐厅与走道形成十字轴线，在保证空间序列的基础上，提高每个空间使用的便利性。

双面宽全景阳台：让居住者更好地享受午后的阳光与中心花园景观。

全生命周期：北向卧室可以根据不同阶段的家庭需要与主卧进行合、分，满足全生命周期的居住需求。

老龄化设计：老人房安排在阳光充足的南面，靠近入户玄关，方便活动，同时靠近起居区，既增加家庭交流，又与后辈的居住空间相隔，彼此既联系又独立。

智能化社区

项目将物联网、网络通讯技术融入社区生活的各个环节中，创造一个安全、舒适、便捷、节能、高效的生活环境，是具有可持续发展能力的智慧社区。

·安全防范系统	·物业管理系统	·智能家居系统
周界报警系统	停车场管理系统	一键离回家模式
视频监控系统	电梯控制系统	灯光场景模式
门禁管理系统	信息发布系统	空调 / 新风智能控制
防盗报警系统	电梯五方通话系统	空气质量检测
楼宇可视对讲系统	无线 WiFi 系统	远程视频监控
电子巡更系统		

功能亮点：

1. 智能家居系统：实现灯光、空调、新风等的智能和远程控制、PM2.5 的实时监测、远程户内视频监控的实时监测。

2. 人脸识别功能：可视对讲的单元门与小区入口主机具备人脸识别功能。

3. 二维码访客功能：访客可通过限制时间、空间的二维码在园区内通行。

4. 园区监控查看功能：可通过可视对讲面板查看园区重点区域监控。

5. 智能周界报警：周界报警联动视频监控，实时查看报警区域动态。

6. 智能梯控：对讲联动电梯运行，减少业主等待时间。

健康系统

三玻两腔玻璃具有静音、防水、隔热等功能，新风与中央空调系统可以时刻让室内保持新鲜空气，结合 3M 末端净水系统，为居住者营造健康品质生活。

高层 144 平方米户型图

花园城市　人文宅邸

天津万科·翡翠大道

金盘奖 第十三届金盘奖入围项目

开发商: 万科地产 / 项目地址: 天津市西青区海泰南道与赛达大道交汇处

占地面积: 约300 000平方米 / 建筑面积: 约700 000平方米

容积率: 2.0 / 绿地率: 45%

均价: 28 000元/平方米

万科地产站在城市的高度开发设计天津万科·翡翠大道，体现了万科地产向城市运营商转型的魄力与实力。项目以翡翠系的产品精神为基础，粹取天津五大道经典的建筑形式与居住文化，融合城市花园规划概念、国际化居住品质与现代精工理念，重新定义当代精英人居标准，在厚积薄发的城市区域打造国际化的高端生态居住圈。

鸟瞰图

总平面图

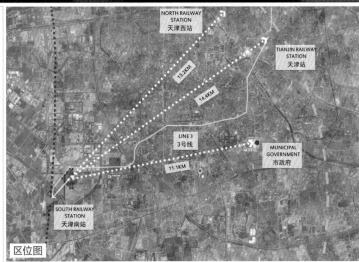

区位图

专家点评

韦少凡

华润置地有限公司　海外事业部项目发展总监

天津万科·翡翠大道是一个城市级的综合大盘，占据优越的土地资源。项目借鉴了国际知名城市的公共社区规划理念，同时深入研究天津著名地标五大道的居住精髓，以兼容并蓄的设计手法将二者融合为一，诠释出现代的五大道生活，形成引领时代的国际都市生活方式，也为城市发展注入新的活力。

万科翡翠系

翡翠系是万科在进军旧金山、新加坡、纽约、伦敦等国际著名都会之后,基于对国际高净值人群的洞察,凝聚世界前沿的价值追求、社区环境和建筑特色,以全球化的视野凝练国际化人居理念而形成的全新产品系。翡翠系产品一般符合四大要求:

1. 地段位于城市发展区域,并占有稀缺资源;
2. 是建设体量超过 20 万平方米的综合社区;
3. 目标客户为城市精英人群;
4. 践行"人文生态的健康生活、精工性能的产品创造、V 盟全覆盖的配套服务"三大产品精神。

区位分析

翡翠大道位于天津市西青区海泰南道与赛达大道交汇处,是天津南部的新发展中心,贯穿地块的中央主路连接天津南站和海泰高科技园区,毗邻地铁 3 号线杨武庄站。项目东侧临近 80 米宽的生态水系,西侧为赛达大道,北侧为地铁与预留的杨武庄公园绿地。

定位策略

翡翠大道定位为高端翡翠系项目,占地面积约 30 万平方米,建筑面积约 70 万平方米,由中央主路分为南、北两个区,不仅涵盖高层、洋房、叠拼别墅三大住宅产品,还拥有站前商业综合体、东西 400 米商业长廊、南北弓形城市街区、低语私密林荫道、配套完整的高级小学和国际双语幼儿园。

项目秉承翡翠系成熟的社区规划与建筑理念,对标研究美国波士顿的城市发展、居住、绿地公共空间;同时考量和深挖天津本地历史悠久的五大道景观精髓,旨在打造成区域的居住典范,引领天津全新的城市格局。

规划设计

项目从城市与规划层面出发,梳理道路、建筑与外部空间的关系,建立开放空间体系,结合居民生活方式,将社区与空间形态建立有机持久的联系,形成多维景观系统。

项目以天津五大道为蓝本,规划三条轴线,并在轴线上布置 6 个核心节点组团。翡翠大道是中轴主干道,兼顾行车道与中央公园,沿街布置学校、幼儿园、商业和小区出入口,同时向社区与社会开放,是项目的公共会客厅。"弓"字形大道:连接所有产品组团,联通所有社区内部的景观系统,是未来社区交际的纽带。翡翠绿廊是连接两个地块的视线通廊。

高层组团沿西侧的地铁高架线路和赛达大道布置,为小区阻隔外界噪声;叠拼组团沿东侧的河道布置,而洋房组团布置在地块的中心,结合里弄式布局,重现五大道舒适怡人的低密空间。

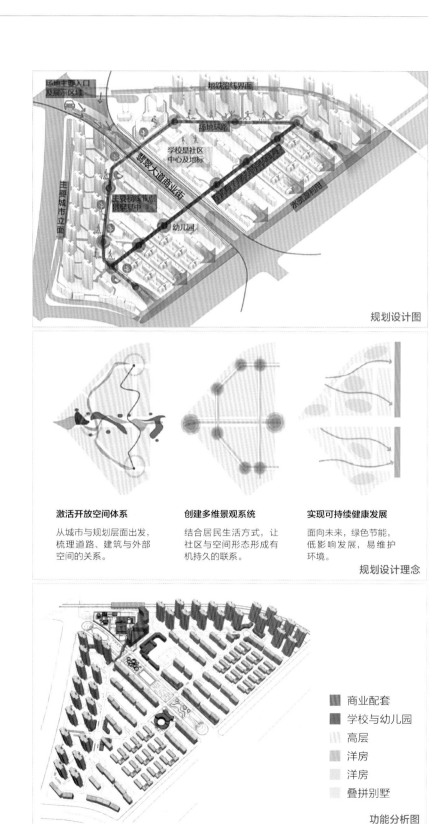

规划设计图

激活开放空间体系
从城市与规划层面出发,梳理道路、建筑与外部空间的关系。

创建多维景观系统
结合居民生活方式,让社区与空间形态形成有机持久的联系。

实现可持续健康发展
面向未来,绿色节能,低影响发展,易维护环境。

规划设计理念

■ 商业配套
■ 学校与幼儿园
▨ 高层
▥ 洋房
▨ 洋房
□ 叠拼别墅

功能分析图

建筑设计

项目在建筑设计上体现了翡翠系对文化底蕴的强调，利用红砖白墙的材质、极致的细节刻画与院落营造还原五大道百年建筑的精致品质与优雅气息。

洋房采用英式官邸风格和美式学院风格的建筑立面，前者传承了五大道的建筑精髓，后者利用凹凸变化增加建筑的丰富度与质感。叠拼别墅精研五大道花园别墅的建筑美学，再现历史风华。

景观设计

项目摒弃传统封闭社区的设计思路，将城市活动空间纳入社区公共空间内，构建"5大体系"和"7大模块"，糅合网格构图、轴线对称、逐级呈现、连续绿色空间、水生态设计、细节演绎等设计手法，营造步移景异、四时皆美的景观环境。

5 大体系

1. 种植体系　2. 分隔体系　3. 水景体系　4. 亭廊体系　5. 照明体系

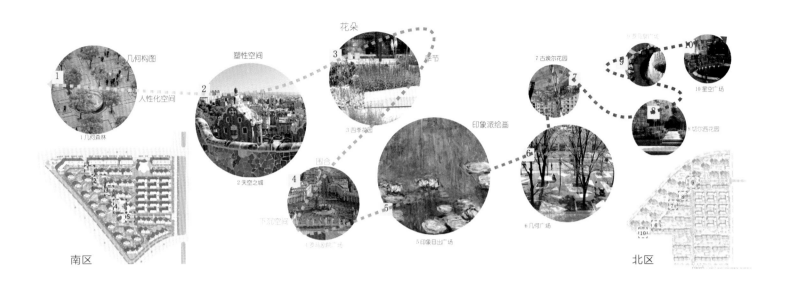

7 大模块

1. 活力商街　2. 花园式入口　3. 礼仪主轴　4. 活力景观会客厅　5. 香语组团　6. 睦邻空间　7. 私享空间

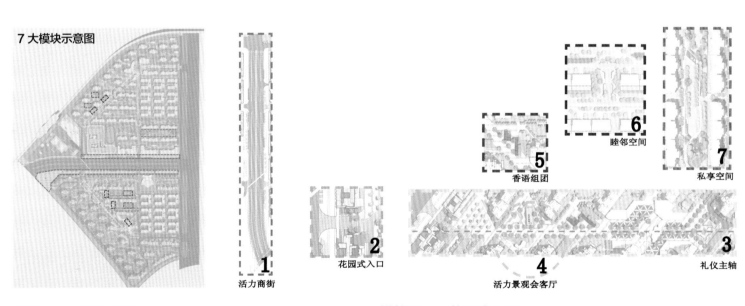

模块 1——活力商街

模块 2——花园式入口

模块 3——礼仪主轴

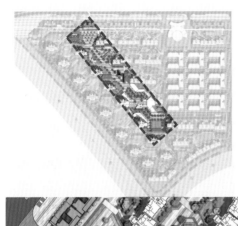

空间	类别	分类
礼仪主轴	需求（4个）	通过性
		功能性
		生态性
		序列性
	功能组合（4个）	中轴景观带
		三合一游乐场
		起止领域感强
		元素组成
	植物种类（10个）	东京樱花
		绒毛白蜡
		宿根花卉
		山桃
		八棱海棠
		紫薇
		银杏
		杂种鹅掌楸
		法桐
		紫藤

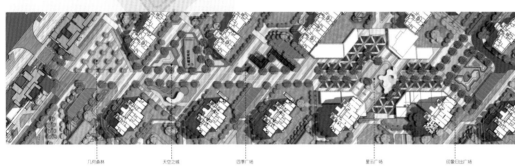

几何森林　　　　　天空之城　　　　　四季广场　　　　　星云广场　　　　　印象日出广场

V 盟体系

翡翠大道引入了万科的客户增值服务平台——V 盟体系，包括 V-food、V-coffee、V-learn、V-fun、V-sport、V-service 等，发挥饮食、教育、娱乐、运动、服务等多种功能，配合 2 万平方米的社区商业 Mall、社区商街以及各种公益性质的社区服务中心，全方位满足业主的日常生活需求。

示范区设计

示范区以现代的设计语言融合了五大道"一宅一院，一宅多院"的空间特点，巧妙地糅合辽阔的水景、寓意丰富的艺术雕塑与极具国际范的玻璃建筑，进行了一场穿越新旧五大道的文化演绎与空间营造，创造一个在过去、现在、未来都饱含人文精神与生命活力的作品。

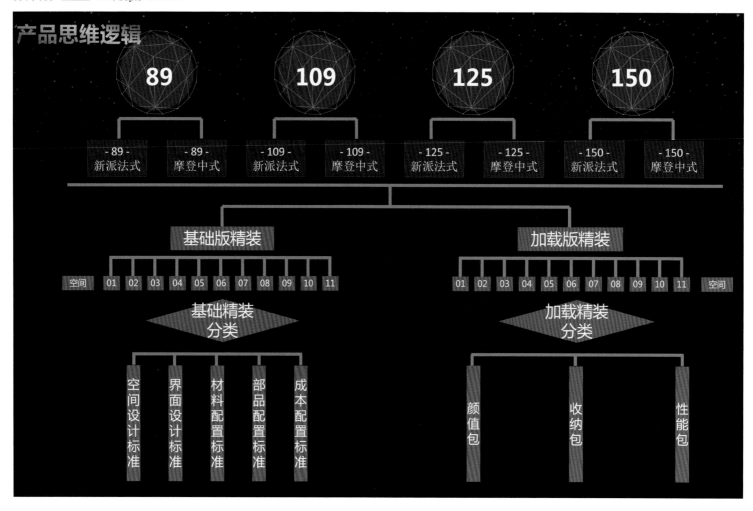

产品思维逻辑

89　109　125　150

- 89 - 新派法式　- 89 - 摩登中式　- 109 - 新派法式　- 109 - 摩登中式　- 125 - 新派法式　- 125 - 摩登中式　- 150 - 新派法式　- 150 - 摩登中式

基础版精装　　加载版精装

空间 01 02 03 04 05 06 07 08 09 10 11　01 02 03 04 05 06 07 08 09 10 11 空间

基础精装分类　　加载精装分类

空间设计标准　界面设计标准　材料配置标准　部品配置标准　成本配置标准　　颜值包　收纳包　性能包

"无限系"户型

项目以无限系打造 125 平方米洋房户型。"无限系"户型以一根结构柱,即"万科芯"作为建筑核心,结合加固加厚的楼板与外剪墙结构,满足建筑力学要求,释放户型大部分空间,可根据业主的需求灵活布局,实现"一套房子,多种户型"。

"美好家"精装体系

项目引入了万科"美好家"精装体系,从玄关、客餐厅、厨房、家政、卫浴、卧室六大空间出发,根据客户的需求与消费能力,量身定制多种套餐。每种户型推出了基础版和加载版两种精装系统。

125 平方米洋房户型图

导读篇

无锡弘阳三万顷·小别凭借得天独厚的山地滨湖环境，遵循"半山半坡、依山傍水"的造墅理念，打造现代中式度假大宅，并依附太湖的深厚文化积淀，充分体现太湖的山水文化与人文情怀，提升项目本身的气质与精神。类独栋别墅以"大院小墅"的理念构造三重庭院，在色彩、材质等方面糅合了江南水乡的建筑风格，营造自然写意、格调高雅的湖山墅居生活。

大院小墅 湖山风光
无锡弘阳三万顷·小别

 第十三届金盘奖入围项目

请扫描二维码，
进入金盘网查看更多项目信息

工程档案

开发商: 弘阳地产
项目地址: 无锡市滨湖区马山太湖国家旅游度假区
景观设计: 上海易境环境艺术设计有限公司
用地面积: 359 800平方米
建筑面积: 74 514平方米
容积率: 0.19
绿地率: 75%
均价: 300万元/套起

EGS 易境设计
DESIGN ARCHITECTS
上海易境环境艺术设计有限公司
Http://www.egsdesign.com

无锡弘阳三万顷·小别的设计旨在追求理想的山水田园生活,在山水环绕的环境中形成梯度式布局,让项目与自然山体有机结合,在建筑设计上以现代简约的手法诠释质朴清雅的江南风情,利用自然内敛又富有人文特点的色彩与材料,借鉴合院的布局精心构造独门独院的户型,体现既返璞归真又不失人文气质的极致品位。

01

选址研究

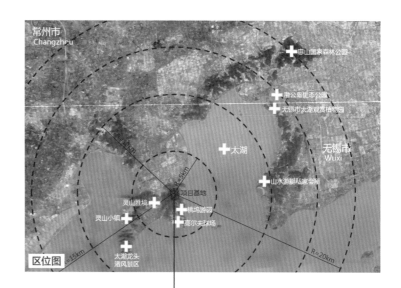

无锡弘阳三万顷·小别择址于无锡市滨湖区马山太湖国家旅游度假区，紧邻灵山风景旅游区，三面环山，一面望水，环境优美。项目位于环山东路西侧，西临圣旨岭，南倚窑塘山，北靠冯家山，距离市中心约 40 分钟车程。

无锡弘阳三万顷·小别

02

定位策略

小别是弘阳地产 TOP 系别墅产品，属于弘阳三万顷的二期项目。项目推出 90-190 平方米的别墅户型，实行高端精品路线和旅游度假风格。项目遵循"半山半坡，依山傍水"的造墅理念，打造如同生长于近百米坡地的类独栋别墅，引太湖活水贯穿整个墅区，让户户拥有湖山风光。

鸟瞰图

03
规划设计

　　山地别墅的精髓在于其不可复制的环境与文化之美。因此，项目因地制宜，依照地势地形而建，采用阶梯状的布局方式，彰显其独有的资源；同时注重文化的植入，打造颐和系文化大宅，体现浪漫奢华的项目气质。小区四周分散设置出入口，其中主入口拥有绝佳的景观朝向。

二期4标段范围

25米等高线

50米等高线

用地红线

挡土墙

二期3标段范围

二期2标段范围

二期5标段范围

之标南侧建筑控制线

总平面图

04
建筑设计

项目以现代简约的设计手法打造江南新中式建筑。项目提炼江南建筑"粉墙黛瓦"的居民特色，运用具有现代质感的材质，结合传统建筑的坡顶与飞檐的特点，突显江南建筑风格。同时，项目遵循"大院小墅"的造墅法则，打造独门独院、三重庭院的空间格局。

3-G 轴～ 1-A 轴立面图

1-A 轴～ 3-G 轴立面图

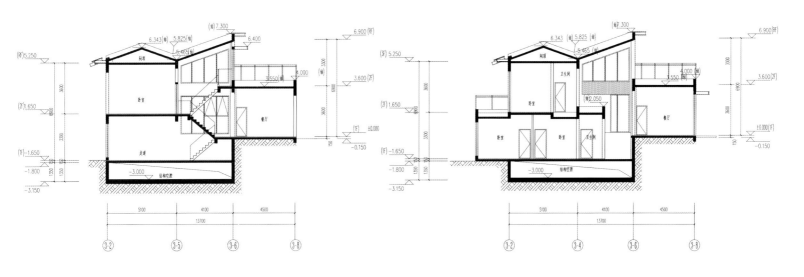

1-1 剖面图

2-2 剖面图

05
景观设计

项目运用"筑高台、建深院、制礼门、御精奢、承造境"的理念；在规划上分为"一屿四台"五部分，分别是掏月屿、印月台、皎月台、揽月台、抱月台；并根据地形与寓意设计十个景点。

巷道与合院是设计的重点之一，设计师运用高墙深院、空间的转换形式增加空间的层次，丰富参观路径的视觉体验。

06
户型设计

T1 别墅户型的建筑面积约 157.61 平方米。

一层：内庭外院设计，收纳天地至美之景；南北动静分区，空间功能布局合理，采光效果好；客餐厨一体化设计，凸显大宅礼仪；套房卧室衔接室外庭院花园。

二层：南北双卧室套房设计，让每位家人享受尊贵、私密的生活；宽敞的套房主卧配置独立的卫浴间与衣帽间；拥景套房卧室衔接超大景观露台。

T1 别墅一层户型图

T1 别墅二层户型图

城郊新型商业社区

上海龙湖天琅

第十三届金盘奖入围项目

工程档案

开发商：龙湖集团

项目地址：上海市闵行区马桥镇银春路与富才路交汇处

建筑设计：上海睿风建筑设计咨询有限公司

占地面积：41 726.5平方米

建筑面积：151 894.42平方米

容积率：2.5

绿地率：20%

均价：待定

上海睿风建筑设计咨询有限公司
Http://www.ruffarchitects.com

扫码进入金盘网
查看更多项目信息

鸟瞰图

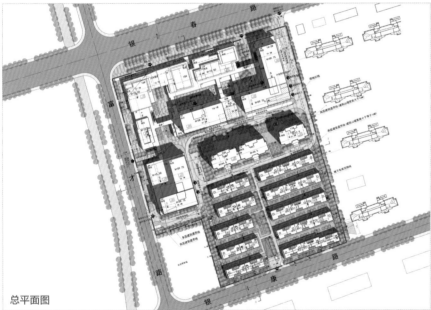

总平面图

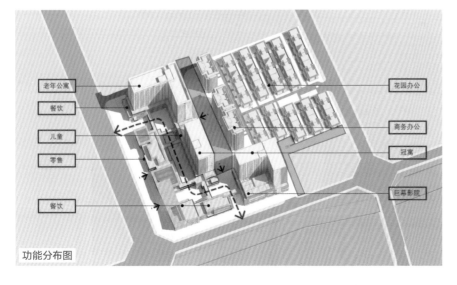

功能分布图

老年公寓

餐饮

儿童

零售

餐饮

花园办公

商务办公

冠寓

巨幕影院

区位分析

上海龙湖天琅位于上海市闵行区马桥镇银春路与富才路交汇处,北侧邻近万科城与文来小学,西侧紧邻带状城市河滨公园,属于成熟的城郊板块。作为上海的"龙脊之地",马桥是上海最早的人类文化发源地,拥有深厚的文化和人口基础,但缺乏基础商业与配套。

定位策略

项目的北侧规划约 3 万平方米潮流商业街"星悦荟"、长租公寓"冠寓"等业态,涵盖餐饮、零售、教育、生鲜超市、健身运动会所与巨幕影院等优质配套;南侧为花园式办公组团"天琅",提供稀缺的会馆级办公产品。

规划设计

文化传承: 追溯古马桥镇传统商业空间,采用街巷式布局,将购物空间分散在小型独栋与内院中,并以连廊进行衔接。

非线性游憩商业: 大胆地采用村落式商业流线设计,营造中国人传统的生活氛围。

城市绿谷: 规划一个 260 米长、约 4 000 平方米的 MINI 中央公园,提升办公区域的私密性,并为内街商铺提供共享的外摆区。

滨河公园: 项目在布局上向西侧的滨河公园开放,公共空间还设置了大面积落地玻璃窗,最大限度地将景观资源纳入社区。

花园式办公: 采用舒适的内向型街区,营造安静、安全的环境。

1. 商业场地条件　　　　2. 空间利用和划分　　　　3. 竖向空间布局　　　　4. 文化融合和形态生成

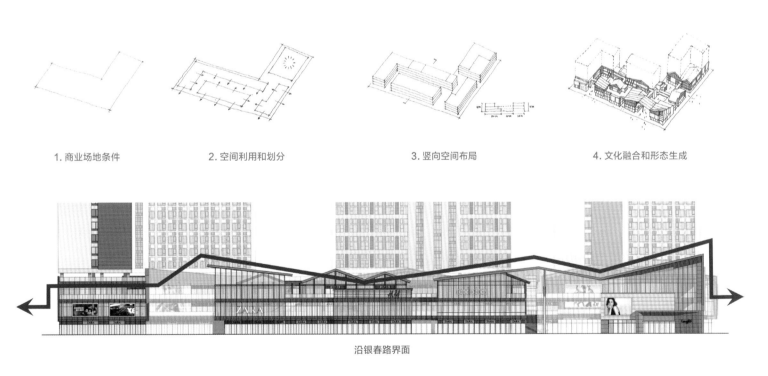

沿银春路界面

沿富才路界面

建筑设计

星悦荟： 化整为零，将三个层次的界面拆分成大小比例适中的几个体块，并以一条折型大飘板使之连接在一起。设计追溯古马桥作为驿站的历史，以一支"Y"形钢柱支撑飘板，展现驿站的特质，也作为商业社区的场所限定。石材、铝板、玻璃、木格栅等材质由重到轻过渡，富有律动感。

花园式办公： 建筑立面尊崇经典比例，融合现代风格，删繁就简，以简约线条构建平顶直墙，以内敛的细节刻画作为点缀，打造既轻奢又大气的花园式办公建筑。德国金砂石材、精致的铝板、落地玻璃窗等材料组合出虚实有度的立面效果，精致而典雅。

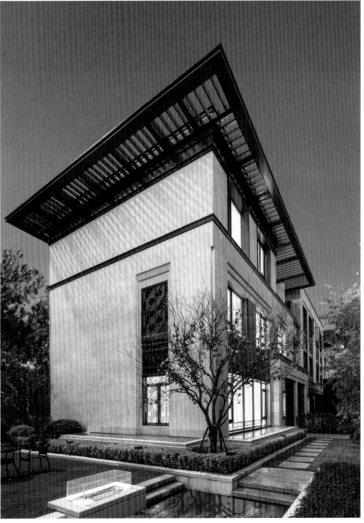

世界湾区 国际人居

中山金色年华

 第十三届金盘奖入围项目

工程档案

开发商: 深圳市东旭鸿基地产有限公司

项目地址: 中山市中山六路凯业街27号

建筑设计: AIM亚美设计集团

占地面积: 约230 666平方米

建筑面积: 850 000平方米

容积率: 3.5

绿化率: 38%

均价: 18 000元/平方米

售楼部联系方式: 0760-8896 8888

东旭鸿基
TUNGHSU REAL ESTATE

匠心筑造 相伴一生

AIM 亚美
亚美设计

扫码进入金盘网
查看更多项目信息

特色提炼

金色年华结合当地居住生活需求，以组团围合的方式规划多功能社区，以典雅高贵的比例、品位精致的细节塑造富有雕塑感的建筑精品，以现代中式的景观设计营造雅致且自然的人文环境，结合创新的多元"城市会客厅"，为都市精英打造一个国际化高端生活社区。

总平面图

鸟瞰图

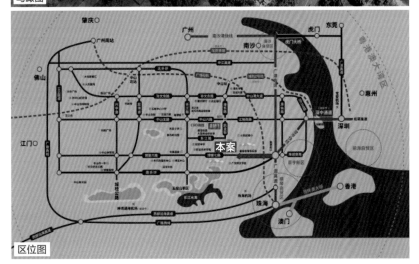

区位图

区位分析

金色年华位于粤港澳大湾区几何中心地——中山，坐拥中山路和博爱路两大黄金主干道，坐享深中通道、城际轻轨、高速、高铁、BRT等全系交通路网；西临教育、医疗、休闲、商业等配套成熟的东城区，东接深中经济合作的桥头堡以及火炬开发区。项目还紧邻"中山城市绿肺"紫马岭公园，背靠五桂山风景区，环境优美。

定位策略

项目以纽约中央公园为蓝本，引入城市中心绿地的稀缺资源，凭借"金色悦章六重奏"——悦·湾区、悦·交通、悦·繁华、悦·品质、悦·生态、悦·服务，阐释出金色年华的人居新高度，以传世的品质、极致的考究打造曼哈顿般的都市精英高端生活社区。

规划设计

项目采用组团围合的布局方式在周边布置住宅，中间形成大片的开敞空间，实现"一轴带多中心"的绿化景观；通过精工美学建筑、城市会客厅、中央组团园林、社区商街等空间规划，实现建筑疏密有致、全方位观景的整体空间布局和多元生态圈。

建筑设计

项目整体采用现代建筑风格，住宅主要采用红色、米白色和灰色的外墙砖，局部以深灰色、白色的外墙砖作点缀。商业区运用简洁实用的处理手法，通过玻璃、实体墙面、几何体以及色彩变化体现虚实变换和建筑数量的变换交替，充分体现建筑活泼与热情的气质，并通过传统与时尚的融合，传达传统元素的现代美。

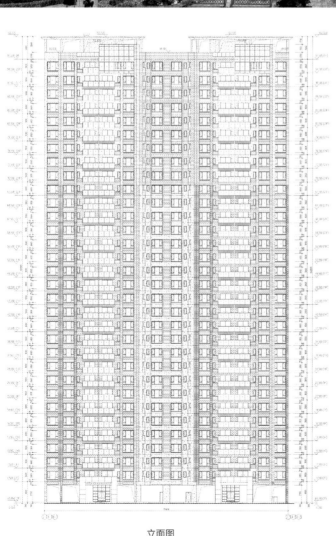

立面图

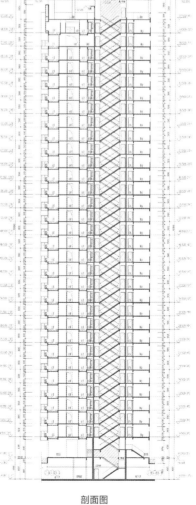

剖面图

景观设计

项目结合现代中式园林景观的特点，将中式传统文化
与浪漫色彩和现代的设计手法相融合，空间错落却层次开
阔、通透，线条简单流畅却精雕细琢，形简而神厚，彰显精致、
高尚、品质的新人文社区。园林以一条景观主轴串联入口
广场、休闲花园、游泳池、儿童游乐园和水景等，结合五
大舒适花园区，园中有园，步步皆景。

多元"城市会客厅"

　　项目从"绿色新城运营者"的角度，倡导"开放、交流、共享、悠闲"的国际化生活理念。"城市会客厅"集优雅入户大堂、浪漫咖啡厅、品味茶室、红酒品鉴、桌球室、影音室、儿童学习角等于一体，为业主搭建私家多元会客交流平台，打造满足商务会客、高端派对、亲子休闲等需求的多功能私家生活场所。

户型设计

项目秉持"匠心筑造"的设计理念，通过设计巧思实现户户有景，近可欣赏中央公园，远可眺望狮狗坡。目前，项目推出两大户型：99.84–99.97平方米的通透三房和127.9–128.52平方米的阔景四房。户型的设计既满足户主的务实喜好，又迎合改善型户主对空间感的追求，并以人性化的设计细节提升住户体验。

现代经典
生态豪宅

深圳中海·鹿丹名苑

第十三届金盘奖入围项目

工程档案

开发商: 深圳中海地产有限公司

项目地址: 深圳市罗湖区桂园街道滨河路与红岭路交汇处东南侧

建筑设计: 深圳市立方建筑设计顾问有限公司

景观设计: 深圳市新西林园林景观有限公司

用地面积: 47 166平方米

建筑面积: 259 453.42平方米

容积率: 4.1

绿化率: 36%

均价: 110 000元/平方米

深圳市立方建筑设计顾问有限公司
Http://www.cube-architects.com

深圳市新西林园林景观有限公司
Http://www.sedgroup.com

扫码进入金盘网
查看更多项目信息

特色提炼

深圳中海·鹿丹名苑是回迁房中的精品民生工程以及住宅产业化的形象展示工程,在满足各项相关规范的前提下,发挥地块的最大价值。项目通过规划、建筑、景观等方面突出项目形象,提升居住品质,打造罗湖区地标性高品质豪宅。

鸟瞰图

总平面图

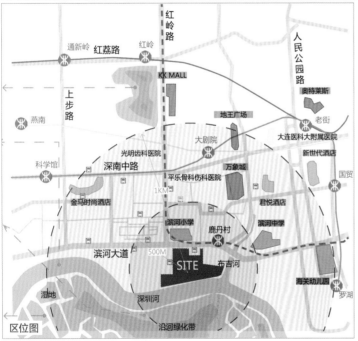

区位图

规划设计

项目的住宅尽量远离滨河大道，另加一层或二层商业裙楼，以减弱道路的噪声影响，并采用"入口轴线＋中心庭院＋大围合"的形式，设计繁华与静谧相宜的归家流线。住宅的布局面对南向优越的自然景观，并主动预留出56米宽的视线通廊，通过几个轴线感强烈、层次丰富的庭院，将深圳河畔的景色引入社区，与社区的绿色融为一体，达到户户看景的效果。

建筑设计

立面设计：项目以芝加哥经典高层建筑为蓝本，融入纽约华尔道夫酒店及中央公园豪宅的细节设计，风格介于新古典主义和现代主义之间，完美融合了古典对称与现代简约的特点。项目采用挺拔的竖向线条，强调对称，干净利落，结合金字塔状的台阶式构图，形成强烈的视觉感受和独特的韵律感，体现高端阶层一直追求的高贵感。

产业化生产：项目是中海首个超高层装配式豪宅产品、全国首个"产业化建筑"豪宅，也是当时全国最高的装配式建筑（147.7米）。产业化生产不仅能够最大限度地实现节能减排、绿色环保，而且能够确保一次成型，有效地提高建筑的质量和性能。

项目概况

深圳中海·鹿丹名苑是深圳首个由政府推动的旧改项目，也是深圳第一个名流村——鹿丹村的重生之作，最大限度地糅合了地段、品牌、产品和自然资源等优势，成为罗湖区生态豪宅标杆。

项目位于深圳市罗湖区与福田区的交界处，北面紧邻滨河大道，西面为住宅小区，东侧为布吉河，南面紧邻深圳河，并与香港具有高生态价值的湿地隔河相望。同时，项目紧邻罗湖CBD，靠近华强北商圈和万象城商圈，距离深圳站及罗湖口岸直线距离不到1千米。

立面图

景观设计

项目的景观采用现代风格，融入生态自然化、智能人性化、参与功能化、人文品质化等前沿又亲民的创新设计思路，旨在打造精致、高端的温暖社区。

"三大首创"：包括全国首创"温暖园林"社区、深圳首创海绵社区和全国首创双栖泳池。

"五个全"：包括全季节四季千米夜光跑道、全彩生活泛会所、全社区智能互动景观小品、全龄全季活动场所和全五道养生系统。

产品设计

回迁房的户型设计方正实用，能满足规范上关于日照、通风、采光的要求，明厨明卫，动静分区。为了规避滨河路的噪声，商品房的主要生活空间朝南，辅助空间朝北，基本实现户户南向、户户观景的设计目标。

户型内部设计遵循中海地产精细化设计的原则，并提出"私人定制"的豪宅精装概念，从精装修风格、户型格局到功能空间，均可根据客户的需求和偏好进行定制化打造。

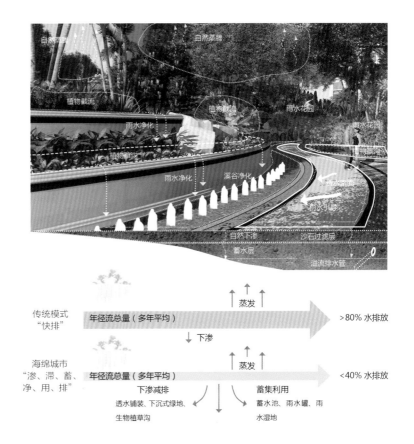

海绵社区设计分析图

典雅风韵 东方胜境

武汉金科城示范区

第十三届金盘奖入围项目

工程档案

开发商：金科地产集团武汉有限公司

项目地址：武汉市洪山区友谊大道和仁和路交汇处

占地面积：140 670平方米

建筑面积：637 326平方米

容积率：4.07

绿地率：35%

销售热线：027-86558888 / 6666

JINKE 金科

扫码进入金盘网
查看更多项目信息

鸟瞰图

总平面图

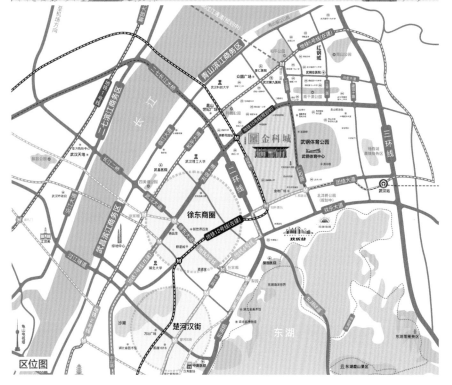

区位图

区位分析

武汉金科城择址于武汉市武昌区主轴核心区，位于友谊大道和仁和路交汇处，东临杨春湖商务区和高铁枢纽，南接东湖核心居住区，西接二环线和二七长江大桥，北邻青山滨江商务区，交通便利，环境优美。

定位策略

金科城是金科地产于武汉的开山之作，以豪宅产品的规格打造约 70 万平方米的纯居住区。项目拥有架空层泛会所、室外邻里会客厅、全龄化儿童活动场地、老年活动区、夜间漫跑道、5 泳道恒温游泳池等全功能配套设施，配置智能安防系统、健康呵护系统、生活关怀系统、科学收纳系统、品质尊享系统六大体系，结合金科服务，由内至外营造金科式美好生活。

建筑设计

项目采用新亚洲建筑风格，以东方审美为基础，在建筑形态上既保留了传统中式建筑的精髓与意境，又蕴含了西方现代设计的内涵与韵味。项目利用现代设计重新诠释中国的传统，打造新亚洲建筑风格的高端住区。

景观设计

项目在景观上选择东方园林风格，让宅院和园林融为一体，形成可赏、可游、可居的理想人居环境。园林设计特意提取了武汉特有的江城印象，融入"大江大河""凤凰"等元素，营造独具楚韵的人文气息。

归家礼序在大宅府第的归家文化的基础上，以人的生活需求为根本，删繁就简，采用"四进八苑"仪制：朱门显示非凡门庭仪度，庭院营造葱郁芬芳之园，回廊曲折蜿蜒，大堂展示尊贵门第，配合八大艺苑组团，呈现独到的东方雅韵。

效果图

效果图

效果图

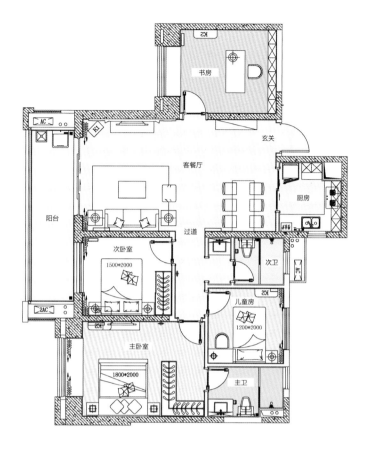

D3 户型图

户型设计

　　项目的产品以三房为主，面积段为 95-142 平方米。户型采用核心筒分离设计，几乎达到户户通透；高梯户比，让大多数户型可实现独立入户；3-4 开间采光面，超 7 米超大观景阳台，令生活更舒适。

B4 户型图

自然浪漫　人文社区

太仓中南·漫悦兰庭示范区

第十三届金盘奖入围项目

工程档案

开发商：中南置地

项目地址：太仓市港区映雪路与和平路交汇处

景观设计：安琦道尔(上海)环境规划建筑设计咨询有限公司

占地面积：49 222.2平方米

建筑面积：78 755.52平方米

容积率：1.6

绿化率：30%

均价：待定

安琦道尔(上海)环境规划建筑设计咨询有限公司
Http://www.hwa-design.com.cn

鸟瞰图

区位分析

太仓中南·漫悦兰庭位于太仓市港区映雪路以北，支二路以南，和平路以西，长江大道以东，距离主城区约 15 千米，距离上海宝山罗泾镇约 20 千米。

开发定位

项目提出"舒适、珍享、兼爱"的健康 TED 社区理念，实现中南对美好生活的极致追求，并探究海港文化生活理念，致敬太仓百年航海精神，打造太仓首个海港文化城市社区。

规划布局

示范区采用现代的设计语汇，构造层层递进的建筑空间，以多重院落增强尊贵的入户感受。

第一重： 风格独特的门厅营造出酒店式归家落车的空间体验。

第二重： 镜面水倒映出简洁大方的建筑，呈现归家后安静、舒适的空间氛围。

第三重： 空间深处的后庭院营造私密温馨的感受，注重居住者对静谧生活的需求。

建筑设计

建筑采用美式大都会风格，是经过改良的古典主义风格。三段式的构图着重刻画基座及顶部细节，中间段突出简洁的线条，使建筑的尺度、节奏、构图、形式都符合大众的审美价值观。同时，建筑注重与景观空间的结合，形成多样化的组团氛围，以增强居住者的归属感。

景观设计

入口： 主入口的景观界面拓展至市政绿化，形成归家第一感——浪漫花境。在入口接待空间，垂直落下的水帘与繁星状的顶部肌理相得益彰，空灵而梦幻，浪漫而平静。

前场： 前场是以观赏为主的通行空间，在连廊的边界运用轻盈的立面格栅，引入光影，呈现细腻的观感。庭中的"一叶扁舟"营造出宁静而柔美的氛围，与项目名"漫悦兰庭"相呼应。

后场： 悦动的涌泉、绿意盎然的草坪、高大的点景乔木、静谧的景观廊架、富有趣味的情景小品、儿童游戏器械，打造出静谧舒适、灵动有趣的空间，是项目整体景观的缩影。

室内设计

售楼处以水作为设计元素，在不同空间以不同的形式进行诠释，融合东方禅意与现代简约，借助传统中式园林借景的手法，将自然之气引入室内空间。古铜色格栅与网状金属饰面板相结合，以独特的方式将山川之水融于设计中。雅士白大理石与云多拉灰大理石的自然纹理如行云流水，让设计更显自然。

售楼处平面图

纯粹自然 江河意境

重庆万科·金域华府示范区

第十三届金盘奖入围项目

工程档案

开发商：万科地产

项目地址：重庆市北碚区龙凤大道

景观设计：重庆尚源建筑景观设计有限公司

用地面积：128 615平方米

建筑面积：344 263.34平方米

容积率：2.0

绿地率：35.69%

均价：11 000元/平方米

重庆尚源建筑景观设计有限公司
Http://www.sycq.net

扫码进入金盘网
查看更多项目信息

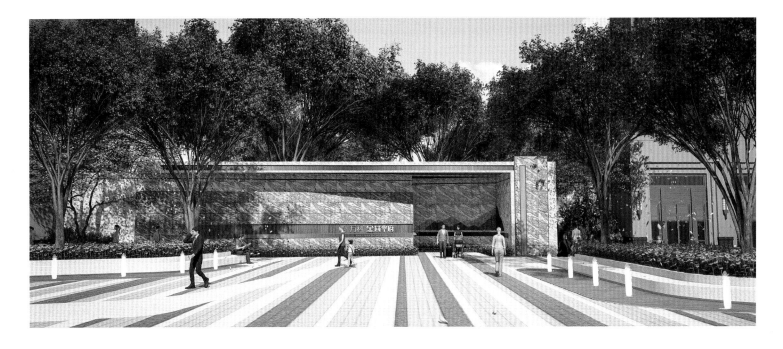

总平面图

鸟瞰图

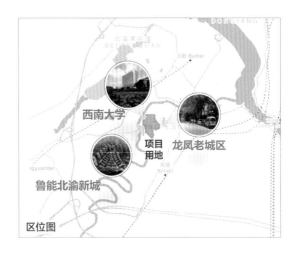

区位图

项目概况

重庆万科·金域华府位于重庆市北碚区东南角，北面临近龙凤溪滨江公园与龙凤溪，南面靠近市政道路与成熟社区，同时毗邻西南大学、天生丽街和轨道6号线天生站，景观资源丰富，配套完善，交通便利。

项目以"严苛化、系统化、创新化、人性化"为标准，精心打造高层、洋房两大类产品。"2+1"或"3+1"户型设计可根据家庭成员的变化灵活扩展空间。

大区设计

项目整体的布局最大限度地呼应龙凤溪滨水景观带，增强亲水性。洋房区的庭院景观与节点中心景观相结合，有主有次，兼顾开放性与私密性。高层区依山就势，视野开阔，可近看公园、远眺青山。

建筑设计强调建筑与大自然的结合，在各层细部融合简约的装饰线脚，注重细节的技术美与几何美。基座采用深色石材，既保留了古典公共建筑的历史韵味，又展示了现代居住建筑的轻松明快。

示范区设计

示范区的设计提炼了当地的文化元素，呈现纯粹的现代意境。

入口： 从江河中的风帆中汲取灵感，打造以风帆为主要形态的精神堡垒，具有明确的导向性。

转换空间： 景观构架的设计灵感源自嘉陵江江水拍打碛石后涌起浪花的灵动场景，现代感十足，与种植池无缝衔接，增加了方向引导性与进场尊贵感。

中心场地： 设计延续入口江河元素，增加碛石、浪花、人文与竹林等元素，交织成一个轻盈而富有动感的场地。雕塑点景以碛石作为设计元素，结合万科Logo进行定制化打造。

售楼部： 采用现代简约的设计风格，立面以大面积的落地玻璃为主，利用金属强调竖向线条，结合顶部不规则的流线型设计，让建筑整体更加轻盈通透，与景观的设计主题相呼应。

活动场地： 运用飞机头、空中书屋、云朵等元素打造"熊孩子们的空中乐园"。

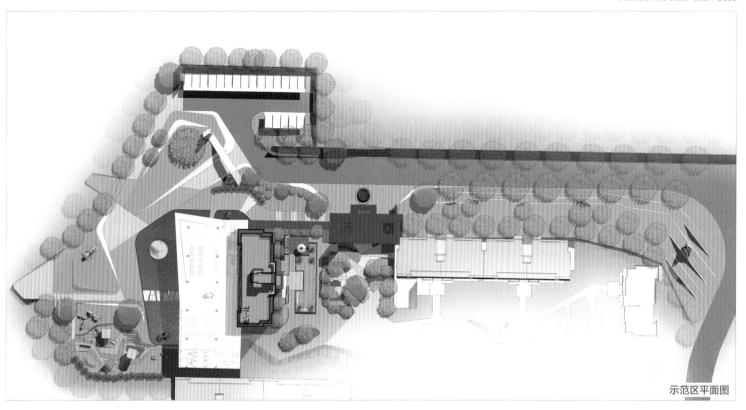

示范区平面图

约 142 平方米户型图

户型设计

建筑在平面设计上呈十字型布局，保证户户都拥有好视野。户型格局方正，动静分区明确，交通面积节省；横厅布局，宽敞大气；三面宽阳台，视野开阔。

学府之境　未来之意

合肥旭辉·公园府示范区

第十三届金盘奖入围项目

工程档案

开发商：旭辉集团

项目地址：合肥市新站区梦溪路与滚水路交汇处

景观设计：笛东规划设计股份有限公司

建筑设计：水石设计

景观面积：7 800平方米

笛东规划设计股份有限公司

Http://www.ddonplan.com

扫码进入金盘网
查看更多项目信息

水石设计
WWW.SHUISHI.COM

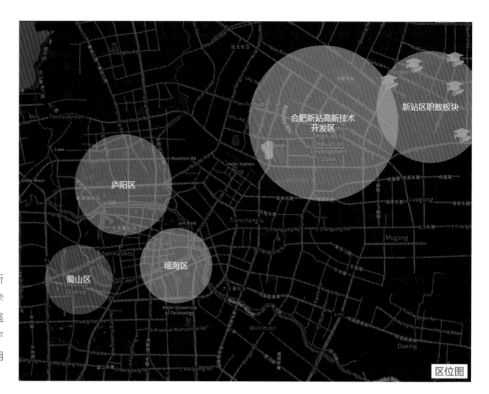

区位图

项目概况

    合肥旭辉·公园府位于合肥市新站区高新技术产业开发区职教板块，周边具有浓厚的学院氛围。其示范区结合合肥传统书院文化，强调当代学府气质的诠释，将传统书院文化的严谨与当代学府的简约、宜人相结合，打造出拥有独特韵味与气质的景观空间。

示范区平面图

1. 主入口
2. 入口门廊
3. 对景景墙
4. 入口水景
5. 景观长廊
6. 特色雕塑
7. 特色景墙
8. 静水水面
9. 叠水（外界面）
10. 意境看景
11. 洽谈空间
12. 开敞草坪
13. 室外书吧
14. 休闲木平台
15. 全龄活动场地
16. 特色入户
17. 停车位

梦溪路

梦溪路中心

0 10 20   50m   100m

景观设计

　　入口：示范区的入口亦是大区的主要人行入口，以现代简约的门廊搭配精致的对景。景墙以铜丝创造抽象山形图案，与独树相映成趣，于现代简洁中增添了几分韵味。

　　引导与过渡空间：通过单边廊架与开敞草坪的开合变化，延续水景的引导性，产生极强的场景仪式感、体验感及记忆感。景墙上的春、夏、秋、冬系列诗句与镜面水景的花岗岩上篆刻的诗文相呼应，营造出"学府之境"。水幕墙上的涓涓之流描绘出山纹水意，星星点点的LED灯宛若夜里的萤火。

　　曲径通幽：通向营销中心的折线形小路，两旁栽植着一棵棵丛生类香樟树，阳光与斑驳的树影相映成趣，营造静谧的林下空间。

　　前场空间：抽象、简约的人形景观小品，在灯光的照射下，向景墙上投去重重叠叠的倒影；跌水墙上快速奔流的水体与安静的开敞水面，在视觉与听觉上形成强烈的对比。景观灯采用中式元素，精致而古典。

　　后场展示区：被称作"灵感花园"，以"漫步游园"的形式串联多种功能空间。设计借鉴了荷兰的库肯霍夫花园，以直线条规整地划分空间。折线立体草坡沿路面的立面由镜面不锈钢打造，并雕刻着蒲公英图案，内置灯具可使之发光，趣味盎然。

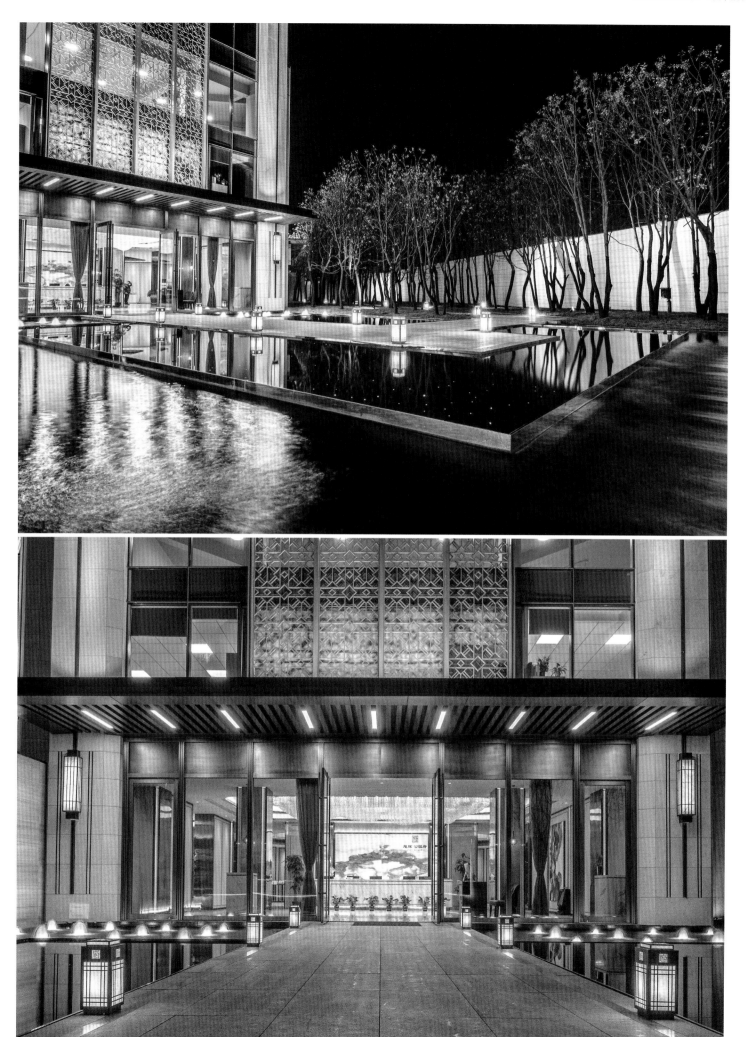

精于心　简于形

杭州招商越秀公园1872示范区

第十三届金盘奖入围项目

工程档案

开发商：杭州星日房地产开发有限公司

项目地址：杭州市江干区建华路与五号港路交叉口

景观设计：上海飞扬环境艺术设计有限公司

景观面积：27 000平方米

上海飞扬环境艺术设计有限公司
Http://www.fealand.com

扫码进入金盘网
查看更多项目信息

项目概况

招商越秀公园 1872 位于杭州市江干区艮北新城核心区，毗邻地铁七堡站，紧靠城市主干道与体育公园，是高端居住区汇聚地。其示范区景观以"自然与生活对话"作为设计主题，以现代空间格局为基础，融合现代设计的新材料与新理念，塑造自然公园环境，营造艺术生活氛围。

区位图

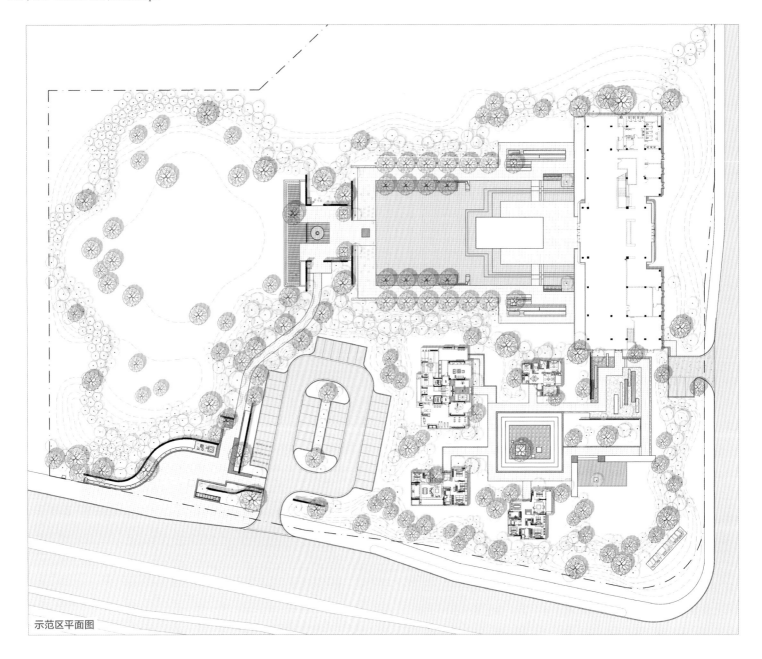

示范区平面图

阳光草坪
接待前场
中心景观
售楼处
花园小径
后勤停车场
停车场
样板间
迎宾客厅
室外洽谈
转角沿街界面

空间布局分析图

空间布局

项目利用简单的几何形体塑造空间的基本结构，利用空间的变化将环境重新整合，将单纯粗放的自然环境转变成宜居的生活化空间；同时通过空间围合营造开合有致的变幻体验，从入口开始形成起、承、转、合等多种不同景观空间。

景观设计

入口的曲线型空间富有流动感，强化了项目的自然气息，半封闭的空间兼具开放性和引导性，让空间之间容易相互渗透，景墙从形式上具有较强的引导性。

项目在接待前场完成空间的转换，使中心景观成为整个示范区的情绪引爆点。景观后场是情绪的收束点，采用景观回廊的形式，不仅在功能上能提供更好的参观体验，还能精准地控制参观者的视线，使之在样板参观过程中围绕中心景观。项目还通过藏与透、隐与显的手法形成富有律动感的景观空间。

酒店式办公新体验

北京金茂广场售楼处

第十三届金盘奖入围项目

工程档案

开发商: 北京金丰置业有限公司

项目地址: 北京市西南四环金角、丰台科技园东区三期核心区

室内设计: 北京盘石典艺装饰设计有限公司

设计面积: 381平方米

主材: 大理石、木饰面、拉丝不锈钢、皮革、亚克力、烤漆板

扫码进入金盘网
查看更多项目信息

区位图

项目概况

北京金茂广场位于北京市西南四环，属丰台科技园东区三期核心地段，区域内多为商业综合服务、高新技术开发及产业用地。项目由 7 栋高端写字楼组成，以 LOHAS BLOCK 乐活街区为核心概念，为都市精英营造以"生态健康、科技智慧"为主题的新型办公商业环境。

室内平面图

企业形象　端景　沙盘区　电子沙盘　接待区　水吧区　女卫　男卫　VIP室　洽谈区

设计理念——酒店式办公

北京金茂广场售楼处摒弃了传统办公销售的商业氛围，用建筑结构手法融合酒店设计概念，打造全新的酒店式办公体验。同时，富有创造性的设计立意回应了当今时代的文化发展诉求，注重人文关怀，凸显具有亲和力的营销氛围。

区域呈现——让空间对话

整体空间以现代简约的风格为主，融合建筑设计的手法，确定空间动线和区域划分，加上中性色调的运用，营造舒适的环境。连接沙盘区与洽谈区的多功能长吧是设计的亮点，成为过渡性的创造合作区域，充分发挥社交型营销的理念，建立良好的沟通氛围，展现金茂品牌的服务文化精髓。

主入口——寓意蓬勃

主入口位于接待区与沙盘区的中线，充满艺术质感的端景由"孵化器"的概念衍生而来，以自上而下的垂吊方式演绎出有如蒲公英般的漂浮之感，寓意开枝散叶、孵化生长。

沙盘区——"L"形结构概念

沙盘区加入了建筑结构中的"L"形概念，让两侧墙面的电子显

示屏无缝衔接，完成交互智能化展示。柔和的灯光投射到墙面，形成剪影，成为空间材质的一部分，强调白色立面的层次感，与沙盘展台相呼应。

接待区——酒店"大堂吧"

接待区与洽谈区的设计灵感源自酒店设计中"大堂吧"的概念，试图弱化整个营销中心的商业气息，加强人与人之间的交流与互动。

长吧——综合功能区

纯白色的长吧随着视觉的延伸，具有极富张力的纵深感。透光的亚克力背景墙是另一个空间焦点，以序列性的交叉结构营造出虚实相间的艺术效果。该区域以"灵活"和"多功能"为设计定位，承担接待与水吧的功能，满足不同的交流需求，将空间的开放式设计体现得淋漓尽致。

洽谈区——大气优雅

洽谈区的设计手法更加凸显空间的格调，大面积的玻璃幕墙让室内外景观相互融合，壁炉元素则成为了该区域的视觉亮点，达到了空间秩序与艺术人文的高度契合，实现了功能性、美观性、舒适性和温暖性的综合考虑。

2018年金盘联高端楼盘考察——苏州站圆满结束

5月26-27日，中国金盘房地产开发产业联盟（简称金盘联）携手万科、绿都、华润、中航、建发等多家品牌开发商，带领90余名参团人员深入苏州考察了7个当下的热门楼盘：绿都姑苏雅集、万科大家、中航樾园、太湖新城万象府、建发泱誉、路劲燕江澜、北大资源九锦颐和。

经过两天的考察交流，金盘联考察团了解了苏州造园传统技艺、全钛锌板系统屋面、全幕墙体系、退台式空中景园洋房、滨湖社区营造等专业知识，其中"十字九象"景观主题、创新的"253工法匠则"让人耳目一新，考察团成员均表示受益匪浅，对今后楼盘的开发设计有一定的参考价值。同时，本次考察活动中增加了项目设计分享会环节，更利于考察团成员细致深入地了解楼盘状况。2018年金盘联第三次高端楼盘考察活动——苏州站取得了圆满成功。

洞察设计，预见未来——J&A 2018设计沙龙分享会成功举办

5月19日，J&A杰恩设计（简称J&A）在深圳B.Park华侨城绽放花园举办了2018"预见未来"设计沙龙分享会，国内知名地产开发、金融地产、科技创新等相关企业人士以及媒体聚集在此，展开了一场关于未来设计的沙龙分享会。

当科技发展冲击现有的商业模式，当消费升级倒逼传统行业做出改变，当新的未知领域不断刷新我们的认知，我们身处的城市与城市中的空间会发生什么样的变化？这是每一位城市美好生活缔造者都在关心的话题，也是J&A筹办"预见未来"设计沙龙的初衷所在。

赛瑞景观荣膺恒大集团"优秀战略合作伙伴"荣誉称号

近期，2018年度恒大集团战略合作伙伴高层峰会在启东恒大海上威尼斯举行，赛瑞景观凭借过去一年优秀的产品与服务质量，荣获恒大集团"优秀战略合作伙伴"称号。赛瑞景观总经理丁炯先生与1 000多位国内外知名企业家一同受邀出席本次峰会。

恒大集团主席许家印在峰会现场表示，2017年恒大业绩实现大幅增长，这离不开战略合作伙伴的大力支持。未来，恒大将打造更阳光透明的互利共赢发展平台，与战略合作伙伴一起实现更好发展。

黄辉·千江凌云·重庆

www.spigroup.cn

山水比德，是一家由创意驱动的综合性景观机构，长期同步于中国城市发展进程。在"新山水"思想的引领下，不断追求景观创新的极致美学，在社区景观、商业景观、文化旅游、特色小镇、城市设计、区域规划等业务均有所创造。我们拥有"国家风景园林工程设计专项甲级资质""城乡规划乙级资质"，获得"全国园林十佳设计企业"等荣誉称号。精耕十年，我们通过"三中心五部六院"科学地、精准地、及时地把控项目质量及进度，分别在广州、上海、北京、深圳、青岛、昆明、长沙、武汉八地成立公司，以非凡的设计营造每一个诗意的空间，目前已有1000+精品项目落地。我们一直在寻找与我们秉持相同理念并全力以赴的志同道合者，共筑山水，用创新引领诗意栖居。

景观设计 LANDSCAPE DESIGN | 数字科技 DIGITAL TECHNOLOGY | 园林工程 LANDSCAPE ENGINEERING | 设计学院 INSTITUTE OF DESIGN

电 话: 020-37039822 / 37039090   商务专线: 020-37039313   合作热线: 020-37039822-8008   招聘热线: 020-37039822-8006

山水比德广州总部: 天河区珠江新城临江大道685号红专厂F19   合作邮箱: libl@gz-spi.com   招聘邮箱: gz-spi-hr@gz-spi.com

广州 | 北京 | 上海 | 深圳 | 青岛 | 昆明 | 武汉 | 长沙

A&N尚源景观设计作品/郑州万科·民安云城

Add: 重庆市两江新区互联网产业园5栋1 - 1　　　T_023 86796086　　　　F_023 86796233　　　微信公众号：尚源景观
Web: www.sycq.net　　　E-mail: sycq@sycq.net　　　HR：向女士　cqsy@sycq.net　　　023 86796086-8017

上海市宝山区长江西路685号上海玻璃博物馆N1楼6层　　　T_021 55886512　F_021 55886512-807　　　市场商务：李先生 yitong_marketing@126.com　021 55886512-817

邮编 200441　　　　　　　　|　　　www.yitongdesign.com　　　|　　　人力资源：林小姐 yitong_job@126.com　　　021 55886512-838

小 镇 规 划　　　新 城 规 划　　　主 题 产 业 园　　　精 品 住 宅　　　综 合 体

YITONG
一砼设计
YITONG DESIGN

上海市宝山区长江西路685号上海玻璃博物馆N1楼6层　　　市场商务：李先生 yitong_marketing@126.com　021 55886512-817

人力资源：林小姐 yitong_job@126.com

小 镇 规 划　　　新 城 规 划　　　主 题 产 业 园　　　精 品 住 宅　　　综 合 体

关注 微信 公众号

一砼作品 实景拍摄 [绿地蔡桥新里城售楼处]

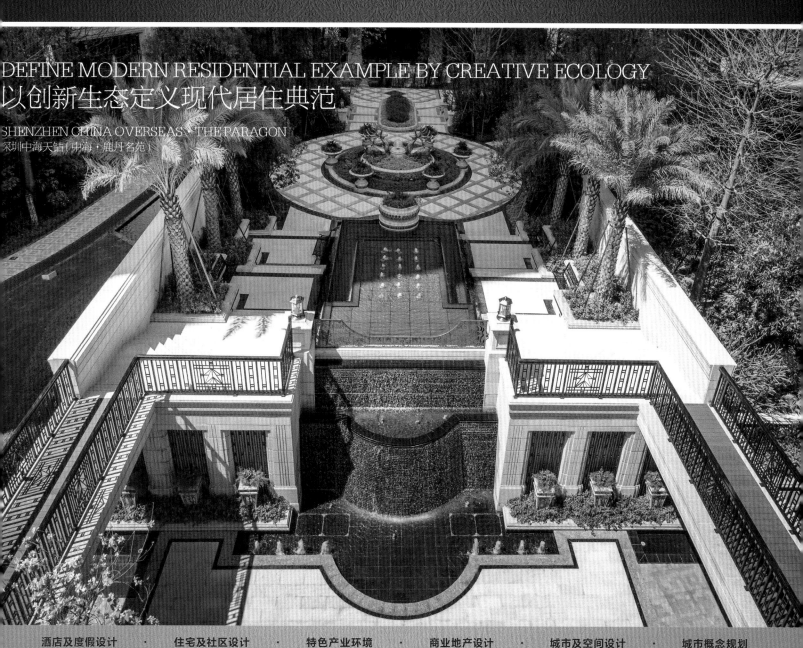

|南洋故事|

NANYANG MEMORY

那段年代里的印象，是时间留下的痕迹。
而建筑师运用巧妙的建筑语言，重塑、雕琢。
每一段建筑呈现，就像在讲述那段往昔的故事。

DESIGN CREATE VALUE

项目｜合肥金科半岛壹号

霍普股份
HYP-ARCH DESIGN
www.hyp-arch.com

深圳墨本景观设计有限公司
SHENZHEN MOBEN LANDSCAPE DESIGN

新式大宅　中式经典

专注于中国地产景观

园林景观设计
创意建筑设计
室内设计及工程施工

深圳宝安西乡大道280号文化潮汕博览园二楼B069
hkmb2005@126.com szmb2005@126.com
电话：0755-29558660/13924606010

www.mb5188.com

尚合设计 创建宜居环境

尚合建筑　尚合景观

SHARCH
DESIGN
CO.,
LIMITED

敬请关注

SHarch
尚合

地址：深圳市福田保税区桂花路帝涛豪园二幢三楼
ADD: 3RD FLOOR,2ND BLOCK,DITAO BUILDING,GUIHUA ROAD,
FREE DUTY ZONE,FUTIAN DISTRICT,SHENZHEN,CHINA
TEL: +86 755 83857711 FAX: +86 755 83857555
E-MAIL: SHARCH@126.COM
WWW.SHARCH.NET WWW.SHARCH.ORG

厦门·航空商务广场

创造看得到的崭新世界

万漪景观设计一直以来，致力于创造和谐共生的景观设计作品。我们从未停滞过对人性需求的了解，归纳
总结人本精神的真谛，有最优秀的专业人士与您共建美好未来。这就是万漪景观设计——"创造看得到的
崭新世界"。

ⅢR 万漪景观

☐ **城市设计** Urban Planning   ☐ **主题公园** Theme Park   ☐ **酒店及旅游度假** Resort Hotel

☐ **景观设计** Landscape Architecture   ☐ **商业街景观** Commercial Street   ☐ **居住区景观** Residential Landscape

网址：Http://www.ttrsz.com

电话：（+86）0755-82686901

邮箱：zhuc01@126.com ttr001@126.com

地址：深圳市福田保税区广兰道6号深装总大厦5楼

万达集团 / 德润地产 / 保利地产 / 世茂集团 / 华亚集团

中国联通 / 中国石油 / 京基地产 / 建发地产 / 观澜湖地产

德润地产 / 海信地产 / 中航地产 / 中信地产 / 恒大地产

宝龙地产 / 万科地产 / 华来利地产 / 普尔曼酒店集团等全国知名地产集团

鄢陵 建业 花满地酒店

天人規劃 園境顧問服務有限公司
Project Earth Landscape Architects
PELA

住宅景观 / 酒店景观 / 商业综合体景观 / 旅游规划

香港公司
香港上環永樂街 22 – 24 號德彰大廈 5 樓 A 座
5A, Tak Cheung Building, 22-24 Wing Lok Street, Sheung Wan, Hong Kong

深圳公司
深圳市南山区蛇口工业三路南海意库 6 栋 310，411
411,310 Block 6, Nanhai E-Cool, Building, Shekou, Shenzhen

T:(86)755-26826499

E:HR@pela.com.cn

W:http://www.pela.com.cn/

福建中庚香悦府

现代中式系列

蓝调国际·创意美好生活

重庆公司　重庆市渝北区黄山大道中段70号两江星界A栋2号楼14层
郑州公司　郑州市郑东新区中兴南路寿丰街凯利国际B座804室
成都公司　成都市高新区天府三街花样年福年广场1902
贵阳公司　贵阳观山湖区麒龙商务港1号楼18-05-06-07
电话　　023-67398082/0371-55013537（郑州）/18996196692（成都）/18523068855（贵阳）

山地景观营造专家　邮箱　cqcelec@163.com　网址　www.cqlandiao.com

BUILDING A BIG DREAM
保利·小楼大院

奥雅设计——创造更美好的人居环境
L&A Design——To Create a Better Environment

www.aoya-hk.com

保利·小楼大院项目位于广州增城区小楼镇腊圃村，临近报德祠，人文资源丰富；背山面水，具有自然环境优势；临近水塘，有利于小气候的调节。挖掘岭南坊巷的空间格局精华，以传统石雕工艺美学元素，凸显依山傍水的居住环境。借势造景，构建空间层次丰富、景观特色鲜明的别墅庭院。继承传统中式、升华雅致气质，空间设计体现气质尊贵，内涵丰厚，细致入微及格调优雅的客户需求。

奥雅设计于2001年创立，李宝章先生任首席设计师。2002年，李方悦女士加盟奥雅设计并担任董事总经理至今。经过近二十年的发展，奥雅设计以景观规划设计为基础，逐渐发展成为新型城镇化土地开发的大型综合性文创机构。目前，奥雅设计中国总部设在深圳，在香港、上海、北京、西安、青岛、成都、长沙、郑州、武汉设有9家分公司及子公司，拥有800多人的国际化专业团队，旗下拥有洛嘉 La V-onderland、城嘉City Plus城市家具和公共艺术等多个子品牌。

深圳南山蛇口兴华路南海意库5号楼3层 / 4层404　T 0755 26826690　F 0755 26826694　E sz@aoya-hk.com

城乡规划 Urban-Rural Planning　　城市设计 Urban Design　　景观设计 Landscape Architecture　　建筑设计 Architecture　　生态规划 Ecological Planning
开发策划 Development Strategy　　文创旅游 Cultural Tourism　　招商运营 Investment and Operation　　公共艺术 Public Art　　品牌运营 Branding & Media

CREATION MAKES BETTER LIFE

嘉兴卓越泓玺台

源创易景观设计有限公司是具有发展潜力和创新意识的景观品牌设计机构，具有风景园林工程设计甲级资质，是 ISO9001 质量管理体系认证企业、美国景观设计师协会会员。公司服务的客户涵盖了各地政府部门及国内知名地产集团，如万科集团、中海集团、保利集团、金地集团、中粮集团、华夏幸福地产、中梁集团、阳光城集团、华润置地、华侨城集团、里城地产、金科地产、恒大集团、碧桂园集团、绿地集团、招商置地、龙光集团、卓越集团、华强集团、宏发集团、领地集团、新城控股、鸿坤集团等（排名不分先后），并多次与 SWA、Belt Collins、Bennitt、Ekistics、Bensley 等国际知名设计机构合作项目。

源创易
UC LANDSCAPE ARCHITECTURE

全国服务热线
400 888 9603

深圳 · 北京 · 上海 · 成都 · 广州 · 西安 · 厦门

华润·净月臺

寻引建筑设计
X.Y.Archi.

匠工智寻　悉心敬引

"寻引"是价值观，也是工作指向。它与"道术法器"相联系产生了公司整体结构的骨架刚要：关注前沿、控制风险、组合创新、精工细作，这十六个字既是寻引价值观的衍生，也是工作方法的契领。
"关注前沿、控制风险"是服务的主要职能，"组合创新、精工细作"是服务价值载体。寻引显现于四个工作版块，也存在于四个板块的连接中。在关注前沿中寻找产品定位，引导客户方向；在控制
风险中加强产品适应力，降低企业的市场风险；在组合创新中决定产品模式，引导客户的创新发展；在精工细作中寻找产品最高标准，引导客户成功生存在优胜劣汰的市场规律中。

A: 北京市朝阳区东土城路12号怡和阳光大厦C座二层　　N: 贾亚青　　T: 010-84266175　　M: 15611507964

基准方中设计作品 / 西安·沣东城市广场

成为中国领先、具有世界影响力的
大型综合建筑设计企业

基准方中

昆山鑫苑万卓中心项目

项目地址：昆山·中国
建设单位：苏州鑫苑万卓置业
建筑规模：27万m²
完工时间：未完成

XIN CENTRE, KUNSHAN

Location: Kunshan-China

Client: Xinyuan,Wanzhuo Property Co.,Ltd

Building Area: 270000 m squared

Completed in (undone)

Sum Architectural Lighting Design.

7-D-501, Sport Loft Park No.128, HuaYuan Rd, Shanghai,China

Tel : +86 021 6051 9970 Fax : +81 +86 021 6051 99702

http://www.sum-lightingdesign.com mail: sum_lighting@126.com

易境設計
EGS DESIGN & ARCHITECTS

LANDSCAPE DESIGN &

ARCHITECTS

上海
电话：021-61670864
成都
电话：028-86160087

重庆·碧桂园保利·云禧

寻觅时尚·重塑经典

LOOKING FOR FASHION RESHAPE THE CLASSIC

武汉光谷绿地·国际理想城

MKE
墨刻景观商包
www.meke-la.com

墨刻景观·商包设计
景观、商包全程一体化营造

地址：上海市徐汇区田林路 140 号 1 号楼三楼
　　　广州市天河区科韵中路棠安路 119 号金悦大厦六楼 610 室
传真：021-52308700（上海）、020-32069330（广州）
上海总机：021-52300083、52300283、52300762、64044110、64047113
广州总机：020-32069300
市场商务：任庆 18964895921　66863293@qq.com
　　　　　刘威 13539780650　416648553@qq.com